叶上清之宿雨　著

# 世间始终你好

江西人民出版社
Jiangxi People's Publishing House
全国百佳出版社

**图书在版编目（CIP）数据**

世间始终你好 / 叶上清之宿雨著. —南昌：江西

人民出版社，2016.6

ISBN 978-7-210-08487-7

Ⅰ. ①世… Ⅱ. ①叶… Ⅲ. ①成功心理—青少年读物

Ⅳ. ①B848.4-49

中国版本图书馆CIP数据核字（2016）第099194号

## 世间始终你好

叶上清之宿雨 / 著

责任编辑 / 刘莉

出版发行 / 江西人民出版社

印刷 / 北京温林源印刷有限公司

版次 / 2016年6月第1版

2016年10月第2次印刷

开本 / 880毫米 × 1230毫米　1/32　10印张

字数 / 210千字

书号 / ISBN 978-7-210-08487-7

定价 / 36.80元

赣版权登字-01-2016-310

如有质量问题，请寄回印厂调换

# 目录

# 声音同类

很久之前，我做过一期叫作《声音同类》的、以我自己为原型的节目，讲述了这样一群网络主播的坚持与梦想，从那之后，我不断地遇见一些与众不同的声音同类。

他们有的是刚刚进入大学的新生，怀揣着播音的梦想来到网络这个草根大舞台；有的是已经生完孩子的全职太太，她们在家买了一个简易的话筒就开始录制节目；有的是你完全想象不到的从事着与电台八竿子打不着边的行业的小职员。

也许是广播的魅力太大了，因为你真的永远不知道那么一个小小的节目，传递着的那份小小的心情，竟然会给无数个同类人或安慰，或启迪，或共鸣。

而宿雨，也是我认识的同类人之一，对于我而言，她是最贴近也最特别的一个。

其实和宿雨的认识，并非是因为她的声音、她的节目，而是因为她的文字和故事。但是文字与声音从来都是密不可分的，所以它们没有先来后到之分。不管你是先从文字认识她还是先从声音认识她，都会感受到这是一个内心充满着活力，充满着爱与光芒的姑娘。

可能因为我是处女座吧，我很少主动而有意识地去接触某些人，外表高冷的处女座自我保护意识非常强，温暖的内心外面包裹着的全是冰碴儿，还是杠杠尖的那种。所以，到目前为止，我认识的声音同类少之又少，但是宿雨真的是我打破内心防线主动去接触的一个，因为我太喜欢她写的文字了，我总是莫名其妙地产生这样一种想法：这说的不就是我吗？

如果世界上真的存在失散多年的姐妹，那么认识这个女孩之后，我真的有种久别重逢的感觉，仿佛她就是我失散多年的姐妹。我们的经历实在太过相像，性格也同样如此，连追求文字与声音梦想的过程都如出一辙。

我找到她，是因为她在一篇文章里写过这样一段话：三四年前，我还是一个不折不扣的小女生，青葱懵懂，对人依赖。后来在网上开设了自己的电台，找回了久违的归属感。如今，我又在写作这条道路上迈开了前进的步伐，我觉得我的内心真正开始富足。

突然间想到了自己。三四年前，我也是一个初入大学懵懂无知的小女孩，抱着一腔热血投入到自以为潇洒自由的大学生活里，经历了诸多挫败后才明白自己是那么普通，但是心中却始终抱有着不甘，在未能实现播音梦想的大学校园之外，也就是网络这个广阔的世界里，开启了一段漫长的声音之旅。我能够切切实实地感受到她所说的久违的归属感，那是一种内心获得认可的感觉，也是一种对未来充满自信的感觉。

声音和文字、电台与故事，永远都是相辅相成的。正因为习惯了用声音去诠释一个个故事，才有了记录的心，想要将一个个动人的故事，用笔尖去记录。于是，写作便成为了我们共同选择的道路。哪怕我们当初在写作的时候，也从未想过有一天将它们作为一本书出版，但是，庆幸的是，我们都坚持下来了。

宿雨的这本书，我觉得就是她对自己这么多年坚持的一个交代，也是送给那些听她节目、看她文字的你们的一份心爱的礼物。感谢这么久以来，你们愿意守护着一个小女孩的小小天地，这个天地里有声音，有文字，还有一颗永远向上、永远阳光的赤子之心。

所以，作为她的声音同类、文字同类的我，也为她感到开心。希望大家拿起这本书的时候，能够想起许多年前，这个平凡的小姑娘和你们一样，正在为自己的小小梦想而坚持、努力。所以，你们也要坚信，未来的你们，可能也会在某个瞬间被他人这样敬佩和羡慕着。

如果哪一天，时光太过伟大，让你忘记了我们，希望你不要忘记自己心里的那份小小坚持，小小梦想。

——小北

## 我们有着相似的青春

两年前一次偶然的机会，我在网上开设了自己的电台，创办了"宿雨的电台小镇"。也许是因为大家听到了我的认真和用心，有一阵子我还挺火的，结识了很多支持我的朋友。那时候觉得特别开心，每天晚上许多人都会守候在电波的另一端，等着听我的节目。只要想到自己的声音能被全国各地的人听到，甚至还有国外的朋友，我就觉得很神奇。

曾经有听众跟我说："每次看到你更新，我就很纠结。感觉自己像是变成了一个收到礼物的小孩儿，很想知道里面装着什么，可又舍不得打开。"

我记得有个姑娘说知道我的电台是因为她暗恋的男生在朋友圈分享了我的一期节目。姑娘为了接近他，和他有共同话题，特地百度了我的名字，还下载了几个有我节目的APP。我问她你们在一起了吗？她说并没有。她向他告白了，可他却告诉她，他已经有喜欢的人了。

姑娘很沮丧，到微博上给我发私信。她说她知道与他已经渐行渐远，但仍旧坚持着每天听着我的电台入睡。她说表白被拒的感觉真不好受，可是，只要想到和他正在听着同一个调频，正做着他最爱做的事情，心里就觉得有一丝安慰。

这样的傻姑娘有很多。当然，也有男生跑来跟我说，听我电台是因为自己喜欢的女生正在听，所以为了能追上她，默默地把我所有的节目听完了。

我突然在想，如果哪天，有人因为我的一期节目或一篇文章能和喜欢的人聊上几句，并且慢慢走进他/她的生活，靠近他/她，了解他/她，甚至最后在一起，那可真的是一件浪漫又幸福的事情呢。

这世间的缘分有时候就是这样说不清、道不明。我从来没想过自己会成为别人心中一种特殊的寄托，或者是一种类似于纽带般的角色。没想过自己的声音会有治愈的功效，也没想过自己的文字会被那么多人分享，我只是闷着头做着自己喜欢做的事。这个过程是痛苦的，也是孤独的，其中的感觉只能自己体会，但我从不后悔，自己喜欢的事无论多苦都要坚持到最后，才能对得起自己的付出。

而如今，我终于带着这本书与你们见面了。

这本书我其实筹划了整整两年，里面有我自己的故事，也有身边朋友的故事，还有一些听众和读者的故事。过去的三年里，我好像一直都很孤独，也很迷茫。唯有在深夜戴起耳机对着话筒录音的时候才会忘记孤独，唯有在面对着电脑屏幕打下一行行文字的时候才能清醒过来。也许，这就是宿命吧。

感谢家人、朋友的肯定，这让我有了坚持下去的勇气。感谢当初的自己没有放弃，也非常感谢一路陪伴着我走来的你们，是你们的陪伴让我相信，我们每个人都在被这个世界温暖对待。

青春是一场浩劫。不坚持到最后一刻，你永远不会知道谁想成为你，你又会变成多好的自己。在青春里，我们都像蜗牛一样不停地攀爬。也许会摔得鼻青脸肿，也许会哭得泪流满面，但只要想着心中那个大大的梦想，我们就会奋力前行，直到抵达那片属于自己的天。

爱情是一场冒险。不等到最后一秒，你永远不会知道谁会遇见谁，谁又会和谁在一起。在爱情里，我们都像盲人一样不停地摸索，小心翼翼地试探，跌倒后又泪流满面地站起来。

在这本书里，如果你看到了自己的影子，请不要惊讶。因为，那是我们相似的青春。

2016年1月17日

# Part 1

# 年少轻狂，幸福时光

喜欢的人留不住
不喜欢的人却像牛皮糖
喜欢的人总喜欢在他身上挑毛病
不喜欢的人却连看一眼都勉强

## 年轻时候的感情，大多输给了任性

年轻时候的感情，大多输给了任性。其实本都是些鸡毛蒜皮的事，却非得折腾得半死不活才肯罢休。也不知道为什么要这样，自虐的同时还非要拉着喜欢的人一起焦头烂额，最后吵着吵着就把感情给吵没了。仔细想想，还真的挺可笑的。

## 001

赵暖是我大学好友，前一阵子有空来L城玩，我以东道主的身份接待了她，并且充当起了导游。

一路上她向我抱怨说天气太热，阳光太晒，空气太湿。作为土生土长的北方人，她完全适应不了南方的潮湿与闷热。于是，我们索性找了家咖啡厅，准备坐下来聊会儿。

我们各自寒暄了几句，赵暖开始吐槽我了。她说："眼看你都一把年纪了还没结婚，我这心里不踏实啊。"

我戏谑地回望了她一眼说："你不也还未婚嘛。"

她低头吸了口冰水，突然就不说话了。

"怎么了？"我说。

她撇了撇嘴，还是不说话。

难道……

就在我试探性地询问并推测是不是和宋晓波有关时，赵暖开口说话了。她缓缓吐出四个字，然后用手捂住了眼睛，让我看不清她脸上的表情。

那四个字是：他结婚了。

## 002

宋晓波是赵暖的初恋，也是赵暖高中三年的笔友。没错，笔友。

他们的关系很微妙。不在同一座城市，没见过一次面，却能通过书信达到精神上的共鸣。这，是一种境界。

男女之间根本不存在什么纯友谊，我一直这么坚信，没想到这一点竟真的在宋晓波和赵暖的身上应验了。

2008年的冬天，宋晓波坐了十几个小时的火车来我们学校看赵暖。

那是他们第一次见面。

赵暖裹得跟粽子似的跑到学校大门口，然后就看到戴着眼镜衣着单薄的宋晓波活生生地站在她跟前。他满脸通红，身子有些许的颤抖，也不知是因为羞涩还是被那该死的天气给冻的。赵暖在一旁偷笑。

她带他逛遍了整座校园，她和他吃同一个烤地瓜。她说她冷，他就笨拙地去牵她的手。他不知道，那一刻，她紧张得整颗心都快跳出来了。

她想，她是喜欢他的吧，否则为什么第一次见面，她的心就跳得这么厉害？

她又想，他应该也是喜欢她的吧，否则为什么大老远地赶来看她，还趁她不注意牵她的手？

那天以后没多久，他和她就成了男女朋友。

那时候我们都特别羡慕赵暖，因为宋晓波对她太好了。只要她找他，他总能放下自己手头的事情给她回电话，哪怕被正在开黑的朋友骂"猪一样的队友"。她失眠，他就陪她聊天，直到她说她困了他才睡。每次见面都是他跑来看她，他说她只需在原地等着，奔波的事就留给男人。

有一次赵暖过生日，他想给她一个惊喜，于是提前两天就买了车票。可谁知，等到他来我们宿舍楼底下的时候，赵暖已经坐上了去X市的列车了。

他给她打电话，略带责备地问她怎么不跟他打声招呼。他说大晚上的女孩子一个人坐火车很危险。她先是在电话那头哭，随后又一阵傻笑。她说："今天是我20岁生日，原本想给你一个惊喜的。"

后来，宋晓波还是叫赵暖在原地待着，换他去找她。他联系了班上的女同学，让赵暖在那儿凑合住了一晚，自己又马不停蹄地搭了回X城的火车。

那会儿宋晓波在人人网上贴满了他和赵暖的照片，他的每一条状态都与她有关，每一篇日志的主人公都是她。白痴都看得出，他爱她爱到了骨子里。我们都以为毕业后他们一定会结婚，可世上哪有那么多一定和必须？更多的，是遗憾和追悔。

## 003

时间拉回到2015年的今天，赵暖坐在我对面说她后悔了。

原先，她觉得自己是太阳，宋晓波总爱围着自己转。她嫌他太黏、太烦、太娘、太唠叨。她总说，宋晓波是典型的上海小男人，没有一点北方男生的霸气。于是她作，只要一不开心，她就往死里作。

她看到有女生跑去空间给他留言，他回了，她就和他闹情绪，几天不搭理他；他没在规定的时间向她报备行踪，她就跟他玩失踪，他打十几通电话她都不接；她联系他，他过半天才回，她就和他生气，无论他怎么解释都没用。

回想和宋晓波异地恋的四年，赵暖说，她觉得一半儿的时间都用在吵架上了。

那时候的她敏感、多疑、霸道、任性，却也自卑、心软、爱得用力。浸泡在争吵中的异地恋让她对他的信任度日渐降低，也让他对她的容忍消磨殆尽。

终于有一天，宋晓波说："暖暖，我累了。以后如果我不在你身边，你要好好照顾你自己。"

赵暖突然慌了阵脚。她听着电话那头的沉默，眼泪不知不觉地掉了下来。

原来，失去一个人的滋味这么不好受。但她带着她的倔强，没有挽留。

后来，她说她喜欢上了A-Lin的《离开的时候》，每次听到这首歌，就会想起她和宋晓波最后一次见面的场景。

她去车站送他，他转过身向她微笑。他把手臂高高举过头顶，用力地向她挥舞着。她舍不得，跑上去抱住他。他捧着她的脸说："等毕业了，就嫁给我，我们再也不分开。"

她说她曾经拥有过这世界上最美好的感情，可最后却被自己弄丢了。

赵暖跟我说起这段恋情的时候，心情很平静。她说她早就忘了，忘得一干二净。可讲到一些虐心桥段，她又几乎是哭着说完的。

人有时候就是这样，喜欢自欺欺人。如果真的忘了，又怎么回忆得起。如果真的忘了，又为何哭得那么伤心。

## 004

宋晓波的婚礼赵暖没有参加。她跟我说，她希望他幸福，但是她又怕看到他幸福。或许在赵暖的心里，宋晓波是她的一个心结，他不仅仅是她的初恋，还是她逝去的青春。

青春之所以美好，之所以会被我们怀念，是因为那时的我们纯粹。爱了就是爱了，不顾一切。多年后，也许你再也找不回当时的感觉，也再也找不到当初爱你如生命的那个人了。

那些他陪她走过的岁月里，何尝不是"她在闹，他在笑"。可现在，他要对另一个她微笑了。

那天咖啡厅里放起了陈小春的《相依为命》，赵暖坐在我对面泪流满面。她说她没法原谅自己，是自己的不懂事让她错过了爱情，推开了一个本会照顾她一辈子的人，伤了一颗真心待自己的心。

说实话，我不知该如何劝她。她就像一只禁锢在自责与悔恨中的囚鸟，再也不愿张开飞翔的翅膀。我知道，她想用这种方式惩罚自己，那样也许会好过一点。

人总是这样，当你拥有一样东西的时候，你并不会特别在意。时间一长，你甚至会觉得理所当然。直到有一天你再也找不着它了，你才会想起曾经拥有它的那些日子里，你有多么幸福。

我们总是容易忽略身边人的感受，亲情、爱情、友情，越是和我们亲近的人，就越是容易被我们伤害。我们总以为，他们会无条件地包容我们、谅解我们，但我们从来没想过，他们也会疲倦，也会离开。

在这个世界上，除了父母，没有人会一直无条件地容忍你。有些死，都是自己非要去作的。你明明知道不作死就不会死，可你偏偏不撞南墙不回头。你克制不住自己的脾气，控制不住自己不去多愁善感胡思乱想，于是，就真的成为悲剧了。

年轻时候的感情，大多输给了任性。其实本都是些鸡毛蒜皮的事，却非得折腾个半死不活才肯罢休。也不知道为什么要这样，自虐的同时还非要拉着喜欢的人一起焦头烂额，最后吵着吵着就把感情给吵没了。

仔细想想，还真的挺可笑的。

*005*

我们都曾是赵暖和宋晓波，彼此相爱，彼此伤害，最终两败俱伤。

那时候的我们都很幼稚，不懂什么是独立，内心缺乏安全感，容易把感情当成一种依赖，习惯用争吵代替沟通。等到闹腾够了，折腾累了，才发现最初的那份心动与美好已经被自己亲手毁了。想从头来过，各自却都已经是伤痕累累。

如果那时候的我们能看到今后的结局，是否会让自己收起任性？如果上天再给你一次机会，你是否会让自己学会独立，更加理性地去爱一个人？如果早知道未来的某天会后悔，那么，可不可以不要放开彼此的手？如果早知道失去他你会那么痛，那么，可不可以从一开始就学会珍惜？

可惜，没有如果。

我们都曾情窦初开，我们都曾懵懵懂懂，我们都曾在爱里横冲直撞，到最后头破血流；我们都曾万念俱灰，我们都曾痛哭流涕，我们都曾在受伤后独自舔舐伤口直到痊愈。

你是个什么样的人，就会遇上什么样的人。想遇上对的人，就应该改掉错的自己。

爱一个人，使出一半的力气就好，剩下的一半爱自己。不要过度迎合，也不要过分讨好。

拥有爱情时，请好好经营。可以小吵小闹，但别大动干戈。

不必在意太多细节，放宽心，爱你的人会始终如一，不爱你的人才会背叛你、中伤你、抛弃你。

假使你遇到了这种人，请头也不回地离开。因为一个不懂爱的人就像一个正在装睡的人一样，你永远叫不醒他。

世界这么大，没他也一样。与其纠缠，不如趁早收拾好心情去迎接下一个正在等待你的人。

给自己充分的自信，去充实自己的生活，扩宽自己的朋友圈。

闲暇时多看几本书，找三两个知己一起出去旅游，你会发现这个世界大得超乎你的想象。

找一份自己喜欢的工作，用自己赚到的钱去买想买的东西。不靠父母，不靠别人，只靠自己。你会觉得很开心、很满足。

当你学会独立，当你收起了任性，幸福就已经近在咫尺了。

愿你能改掉从前那个错的自己，变成更好的你，然后遇到一个不需要刻意讨好却彼此合拍的人。

我相信，一切都会实现的。

你也要相信。

## 其实，他只是没有那么喜欢你

世界上的男人有很多，但爱你的男人只有一种。一个男人爱不爱你，你应该能够感受得到。当你要向全世界打听你在他心中的位置，试图通过别人的安慰打消你内心的惶恐不安时，他多半是不爱你的。

## 001

闺密在大学的时候谈了个男朋友，把自己最美好的青春与年华都给了他。毕业后，闺密带他见家长，想要商定婚事。谁料到，男友对她说："现在结婚还太早，晚点再说吧。"

于是，她真的等了他一年。

一年之后，闺密再次和男友谈起婚嫁之事，本以为他会满口答应，可得到的答案却是："现在我没房没车没存款，还不能给你想要的未来。"

闺密说："我不在乎那些物质，我只想要和你在一起。"

男友却说："我们现在这样不是挺好的吗？我们一直在一起啊。结婚的话，晚点再说吧。"

"晚点再说吧，又是晚点再说吧。"闺密向我抱怨，说她不知还要再等多久才能等到他的求婚，她觉得她的热情正在一点一点被消耗着，就快要被消磨殆尽。

半年以后，男友劈腿。劈腿对象是他所在公司老板的女儿，一个从小家境富裕、含着金汤匙长大的女孩儿。

分手那天，闺密抱着我哭。她说："我和他谈了六年的恋爱，怎么也没想到最后会输给一个小三。"

我说："不是你输给了小三，而是他真的没你想象中那么喜欢你。"

男人都是有狩猎心态的。如果真的喜欢你，他不会舍得放任你的自由，让你这朵鲜花散落人间。他会想要抓住你，把你拴在身边；他会想要照顾你，和你一生一世；他会许你一个未来，为之努力打拼；他会拥抱你，亲吻你，告诉你：别再犹豫了，请做我的女人。

你给自己找了那么多理由，你给他找了那么多借口，最后的最后却抵不过一个赤裸裸的真相：其实，他只是没有那么喜欢你。

## 002

柚子前天相了次亲，对象是个IT男，西装革履，文质彬彬。

我问她相完感觉怎么样，她说："挺好的呀，我们聊得很开心，临走前他还问我要了电话号码。"

几天以后，柚子突然在QQ上call我，说有件事情让她极其郁闷。我问她怎么了，她说自从那天她和IT男阔别以后，她连一个电话都没接到。

"我们明明有聊不完的话题，他明明说他自己跟我很像，可为什么……"

柚子没有把话说完就陷入了沉默。

我说："你有没有想过，其实他没有那么喜欢你。"

"怎么会？"柚子无辜地问，"如果他不喜欢我，为什么要留我的电话号码？"

我想了想，给她发去了这样一段文字：

我知道你给他找了各种各样的理由：他不联系我可能是因为他最近工作太忙，可能是因为压力太大心情不好，可能是因为他性格内向不太会追女孩子。又或许，他是因为手机坏了弄丢了通信录，所以忘记了我的电话号码。所以，他找不着我。

你想起你们见面那天，相谈甚欢。

你们面对面地坐着，他听你讲着那些琐碎的小事。忽而，你说起一个令他感兴趣的话题，他立刻来了兴致。你觉得他一直在看着你的眼睛，你觉得他挨你挨得更近了一些。你说什么，他都点头表示认同。他说，他也是这么想的。然后你们相视而笑，你觉得你们一拍即合，相见如故。你觉得，他喜欢你。

但是……

如果他真的喜欢你，他不会忘记你的电话号码，不会不联系你，不会不约你出去见面。相反，他会动用一切关系与人脉打听你、联络你。现在早已不是飞鸽传书的年代，想要找到一个人简直轻而易举。

微博、微信、人人、QQ……每一种都与手机号相关。所以，他并不是找不着你。关键是，他到底想不想要去找你。

*003*

我认识一个叫馒头的责编，她是一个性格温婉、长相甜美的萌妹子。上周五，我和她在讨论话题征集的时候，她突然问我，有没有某个瞬间让你彻底想要放弃一个人？

我警觉地问："你要干什么？"

她发来一个笑脸："就私底下问问，嘿嘿。"

我说我已经完全想不起来了。她回我说："嗯……可是我还记得哎。"

馒头说她和前男友分分合合了八次，当时，她在他面前多多少少是有些自卑的。也许是因为她太喜欢他了，久而久之，那种喜欢变成了一种崇拜与景仰。她总觉得他学识比自己渊博，懂的也比自己多。于是，她总觉得自己不够好。于是，她一直在迁就他。

第九次分手的时候，馒头很生气。原因是，她觉得自己一味迁就并没有换来他对她的呵护与关心。相反，她觉得他的世界里根本就没有她。

那天，她去他那儿找回自己的东西，前男友忽然从后面抱住她，慢慢牵起她的手。馒头先是有些惊讶，但很快就陷入了他的温柔乡。她没有拒绝他。耳鬓厮磨了一会儿，他在她耳边轻轻地说："别走。"馒头问他为什么，他说："就算以后不是恋人了，我也希望我们能像从前那样经常聚一聚。"

馒头脑子里"嗡"的一声。

她说她以为前男友的挽留是因为爱她，是因为放不下。可事实却告诉她，他只把她当备胎。

一瞬间，她觉得他很low。馒头说："他舍不得的不是那份情意，而是那层肉体关系。"

"我觉得我的尊严受到了践踏。"馒头又说，"那次，我真真切切地看清了这个人，然后决定和他彻底结束。"

"你说，他是不是从头到尾就没有喜欢过我？"馒头问。

"不，也不是。"我说，"也许，他只是没有那么喜欢你吧。"

## 004

有个听众在微博上给我发来私信，说她和一个男同事情投意合，可他却迟迟不表白。我问她，你们到底是怎样情投意合了？她回答我说，男同事每天都会和她聊天，从最热播的电影、电视剧，聊到动漫、球赛，几乎无话不谈。睡前，他们还会互道晚安。她说她实在不明白，为什么他还不追她。

我说你有暗示过他你对他有好感吗？她说她不光暗示，都已经明示了。她明确地告诉他，她喜欢他。可男同事在被表白以后仍旧无动于衷，处于"三不"状态——不主动、不拒绝、不负责。为此，她表示内心很煎熬。

我们身边不乏这样的"三不"男人。

他们或许不是美如冠玉，但个个仪表堂堂。

他们富有情调，充满魅力。

他们有着一段或两段悲情的恋爱史。

他们爱讲笑话，有很多肢体语言。

他们擅长说一些动听的情话。

他们有着天生的忧郁气质。

他们会在社交软件上开你的玩笑，没事调侃你一下。

于是，你沦陷了。于是，你当真了。

你开始盼望每天都能收到他的信息，你开始在办公室里探头探脑，趁他不注意的时候偷拍一张他的照片。你开始心神不宁，开始在不经意的时候想起他。你知道，你一定是喜欢上他了。

你觉得，他应该也是如此吧。要不然，他为什么天天找你，天天跟你说笑话逗你开心，天天跟你说晚安？

终于有一天，你耐不住性子去问他："你喜不喜欢我？"对方在电话那头支支吾吾了半天，随即扯开了话题。你突然心里一沉，反问自己，为什么会这样？

是啊，为什么会这样？他的表现明明就是喜欢你啊，为什么在你挑明了之后他反而望而却步了呢？

答案只有一个：其实，他只是没有那么喜欢你。

一个男人真的喜欢你，他会巴不得赶紧把你追到手，怎么可能甘心把你晾在一边，等着让别人垂涎。迟迟不表白，或者在你暗示与明示后仍旧装傻、装死、装无辜，这只能说明：他只是想和你保持暧昧关系，他只是很享受这种疏离带给他的快感，他只是想给无聊的生活添加一点乐趣，他只是不想对你负责。

遇到这样的男人，我只想说，别给他找任何借口，远离之。

005

世界上的男人有很多，但爱你的男人只有一种。

知乎里有位名叫薄荷猫的姑娘曾说过："很多人在感情里为对方开脱的时候，总喜欢用个性来解释一切，他内向、他傲娇、他含蓄。可是姑娘，别忘了所有人的共性都是一样的。喜欢就会付出，牵挂便会联系。如果你一直在心里问自己，他到底爱不爱我？我告诉你，那就是不爱。好比脚底下有火盆烤着，你能感受到那份炽热的时候，你就不会不断问自己，怎样才叫温暖。"

是的，一个男人爱不爱你，你应该能够感受得到。当你要向全世界打听你在他心中的位置，试图通过别人的安慰打消你内心的惶恐不安时，他多半是不爱你的。只是你自己不愿意承认罢了。

真正爱你的男人，会严肃、认真地对待你们的关系；真正爱你的男人，宁愿自己委屈也舍不得让你受委屈。

他不会和你玩暧昧。

他不会忽略你的感受。

他不会做让你流泪的事情。

他不会骗你、伤害你。

他会用心倾听你说过的每一句话。

他会在你主动之前先跨出那一步。

他会在做错事以后诚恳地道歉。

他会亲吻你的额头和嘴角。

他会给你买好多好多的礼物。

他会教训那些欺负你的人。

他会把你占为己有。

他会带你见朋友见家长。

他会许你一个未来。

他会向你求婚。

他会给你一个家。

如果一个男人做不到以上几点，请自动把他的行为翻译成：其实，他只是没有那么喜欢你。

# 两个倔强的人，注定会错过

多年以后你终于明白，对方在分手时说的那句"我们性格不合"也许不是借口，而是事实。两个性格倔强的人互相把对方当成对手，争得你死我活，最后谁都没有赢。不肯妥协的结果就是各自受累，两败俱伤。你笑当初的自己傻，你笑错的时间注定让你们彼此错过。

## 001

从去年八月开始，顾漫几乎天天在相亲。掐指一算，跟她相过亲的男生都可以从城东排到城西。可是相看了那么多，一个都没成。这可把顾漫她妈给急坏了，每天只要见她到家，就抓着她给她洗脑。

这洗脑吧，无非就是批评、教育、埋怨，然后再埋怨、批评、教育。

顾漫说只要她踏进家门，她妈就开始念叨。还喜欢跟着她，进进出出，来来回回，周而复始，简直比唐三藏的紧箍咒还厉害，令她惶惶不可终日。

要说顾漫为什么相了那么多次亲还没找到一个合适的对象，这其实还是她自己的问题。

她坦言，曾经出现过几个印象中感觉还不错的男人，家境、相貌、谈吐、气质都挺好，双方父母也很满意。但处着处着就觉着哪里不对劲，于是她就开始跟人玩猜谜，跟家里人打太极，总之就这么一个个地给黄了。

她妈自然是无法理解，心急如焚，劈头盖脸地质问她为什么三番五次推三阻四，这个不行，那个不好，要不就保持沉默。怎么就这么挑剔，怎么就这么没有耐心？

顾漫就说自己对他们都没有感觉。

结果她妈就怒了，说自己最见不得现在的年轻人提"感觉"这两个字，还说感情是可以慢慢培养的，而感觉这么虚无缥缈的东西就是一个用来逃避的借口。

顾漫好几次都被她妈说得哑口无言，然后的然后就又被强行安排去相亲。

## 002

有一天顾漫遇上了A先生。据说A家境特别好，是某房地产商的儿子，刚从国外留学归来，单身了好多年。

一开始顾漫其实是拒绝的，她觉得海归什么的只是个噱头，就怕像绣花枕头一样空有其表。可转念一想，老是推了也不是办法，老妈那边没法交差啊，到时候她又得围着自己瞎叨叨，也不是个事儿。反正闲着也是闲着，那就和他谈谈呗。

于是顾漫鬼使神差地加了A先生的QQ，两人开始有一搭没一搭地聊起天来。从娱乐八卦聊到天文地理，从诗词歌赋谈到人生哲学。没承想，聊着聊着还真就聊出了好感，就差一起看星星、看月亮了。

顾漫说她感觉和A先生很合拍，就好像你说一句别人难以理解的话他总能听懂，你说一个自己感兴趣但比较冷门的话题他总能接下茬。他永远不会把你的话理解偏了，你说的他都明白，他说的你也明白，交流起来不费劲。

那时顾漫跟我们说她恋爱了，我们个个目瞪口呆。谁也没想到，这个以前对恋爱从不上心，对相亲极度排斥的姑娘一下子就陷了进去。

那段时间他们无话不谈，相见恨晚，走在街上都是十指相扣。顾漫更是一改往日女汉子的形象，分分钟变身为A先生胳膊底下那只乖巧听话的猫。

我们都以为A先生将会是顾漫的单身终结者，然而后来发生的一件事儿却让所有人大跌眼镜。

003

交往几个月后他们约好一起出去旅游，顾漫按照之前的出游习惯在网上搜集了各种游记、攻略，整理成一份详细的行程单给A先生看。他粗略地扫了一眼，随即笑话她说："别这么精打细算啦，这次的费用我全包，不用帮我省钱。"

这话当时就像一桶冷水把顾漫给浇了个透。她发现A先生不明白自己为什么要花那么多力气去研究路线，放着旅行社现成的产品不报，非要自己联系旅馆。他以为她是为了省钱，其实不然。他似乎完全不能理解她如此"自我折磨"的乐趣。

后来，他们决定去爬山。

由于上山的前一天刚下过雪，周围一片银装素裹。这对于情侣来说本该是欣赏雪景的好时候，可A先生却像一只开启了自动吐槽模式的复读机，不停抱怨说："早听我的今天去泡温泉就爽了，哪里要受这种罪。"

顾漫当时心里"咯噔"一下，但碍于面子她并没有说什么。

那天，下过雪的地面很滑，顾漫一个人背着厚重的背包在前面走着，A先生像个委屈的小媳妇儿一样在后面跟着，中途顾漫差点摔跤，可他也没有上前扶她。

爬上山以后，他们准备找地方住下来，可山上条件简陋。因为预订时两人意见不一致耽误了太多时间，所以标间全部被订完，只能住混合大房间。这时候问题来了。顾漫觉得就一个晚上，不是什么大不了的事情，和不认识的人住一起还能多交些朋友。可A先生坚决不干，他说这种环境简直是"猪圈"，怎么能住人？

顾漫一开始还好言相劝，可A先生始终不肯妥协。终于，他的一句"要住你自己住，反正我不住"彻底激怒了她，于是两人为这事吵了起来。

两个争吵中的人往往是很不理智的。他说了她很多不是，她也各种得理不饶人。他们都忘了之前的"气味相投"，开始互相数落对方。

后来A先生心不甘情不愿地在混合大房将就了一晚，第二天声称公司有事，自己搭了辆计程车先走了。

顾漫苦笑，她明白他的举动意味着什么。

她一个人收拾好行李下山，边下山边给我打电话。我接起电话喂了一声，她没反应。我又喂了一声，她还是没有反应。最后我急了，我说："顾漫你不会是出什么事儿了吧？"

电话那头传来了顾漫沙哑的声音。她说："结束了，我跟他结束了。"

004

这件事情以后，顾漫消沉了好一阵子。

那天我们约好一起吃饭，吃着吃着她突然给自己灌起了酒，我连忙上前阻止。我说："你别喝，酒量那么差瞎折腾什么。"她不听劝，硬是从我手里夺过了酒瓶子，咕咚咕咚喝了几大口。

她说："你知道吗？有时候我特别恨自己。"

我被她这句莫名其妙的话给吓坏了，问她是不是喝醉了在说胡话。她摇摇头，又咕咚一声喝了一大口。

"我想起和尤然分手那年，也是寒冬腊月。"她看着桌上的空酒瓶发起了呆，"你说，两个倔强的人是不是注定不会在一起？"

我不知道该怎么回答。我说："顾漫，你到底怎么了？"

她叹了口气，跟我讲起了她和尤然的故事。

005

顾漫上大一的时候和辅导员混得很熟，在一次偶然的机会中认识了尤然。那时第一眼看到的他，是个胖胖的男生。

两人都在学生会工作，相处久了，周围的人就开始拿他俩打趣。那时候尤然的舍友也怂恿他，叫他速度把顾漫拿下。于是后来有一天，他给她打电话，说着说着就表白了。

2009年3月27日，他们正式成为情侣。

顾漫说，其实当时她答应得很莫名其妙，她一直觉得自己是个颜控，尤其在意男人的身高、体形，但不知道为什么，明明尤然是个胖子，她却一点儿也不反感。

他们一起吃饭、一起上课、一起逛街、一起打游戏，就差睡在一起了。身边的朋友都说他们像连体婴儿，到哪儿都是一起。

顾漫叫尤然死胖子，尤然叫顾漫小拧巴。

射手座的她，自由爱玩闹。狮子座的他，霸道好面子。但他们有一个共同点：倔强。

一次两人吵得特别凶，冷战了一礼拜，两个人没打一个电话。朋友劝顾漫：卖个萌撒个娇这事儿就算过去了。可顾漫哪听啊，只要是她认定的事情没人能说动得了她。就算她知道自己有错在先，她也从不低头。

## 006

几天后在朋友聚会上，顾漫收到了尤然的短信：我们出来谈谈吧。

当时顾漫喝多了，看完短信就顺手按了手机。尤然打了十几个电话都无人接听，只好打给顾漫的朋友。最后是顾漫的朋友接了电话，告诉他，她喝醉了。

二十分钟后，尤然出现在顾漫面前。他伸手去抱她，她各种张牙舞爪。他扶着她往外走，她就使劲推他。她装作一副不省人事的样子，其实，她什么都知道。

尤然显然看穿了这一切。他把她拉到河边的小树林，问她："你闹够了没有？"

顾漫没想到他会先开口。

"是，我就是还没闹够，怎么了？你为什么还来找我？"

"你看你都喝成什么样了！"尤然气不打一处来，"看看现在几点了？你知不知道一个女孩子这么晚在外面疯很危险？"

"我在外面疯？"顾漫似笑非笑地说，"我变成这样难道不是你害的吗？"

"我是为你好！"

"我的事情不用你管！"

"为什么到这个时候了你还是这么嘴硬？"尤然突然提高了嗓门，"你知道吗？身边的人都说我们不合适。我不想吵架，可我的记忆中我们天天都在吵架。我时常在想，为什么我们会变成这样。我很想回到刚认识你的时候，那时候只要你朝我一笑，我的整个世界都安静了。"

"不合适？呵呵。对，他们说得对，我们就是不合适！我不是你当初认识的顾漫，我不温柔、不乖巧、不安静、不贤惠，我野蛮、任性、不讲理！现在你看清了？我就是这样！"

借着酒劲，顾漫朝着尤然一阵歇斯底里。尤然一句话都没有说，周围安静得可怕。

许久以后，尤然说出了七个字。

"我们还是分手吧。"

他转身就走，剩顾漫一人愣在原地。

顾漫脑子里"轰"的一声。她很想冲上去抱住他，叫他别走，可双脚就像被灌了铅似的无法动弹。她又着急又纠结，视线开始变得模糊。她看着他的背影越来越远，她在心里说：不分手，不分手……尤然，我们不能分手。可她嘴上说的却是："好啊！分就分！"

深夜的风吹过，她冷得直发抖。忽然想起以前每次她说自己冷的时候，他都会哈着气帮她揉搓，然后把她的手放进自己的上衣口袋。他的体温她还记忆犹新，可就在顷刻间，那份温暖已经荡然无存。

她觉得胸口一阵撕心裂肺的疼痛。她知道，她彻底失去了他。

### 007

故事听完，我心情有点儿沉重。突然想起狮子座和射手座好像是绝配来着，于是我打开百度一搜，嘿，还真是。第一条就给我跳出来说，狮子和射手搭配评分：100。两情相悦指数：五星。天长地久指数：五星。

滚犊子！星座匹配什么的都是骗人的！

"我是不是很作？"顾漫突然问我。

我说年轻的时候，谁没作过。

她笑笑。

"我承认我很作。也许就是因为这样，渐渐地，一切都变了。我不知道是因为我作他才变的，还是因为他变了我才作的。我在他那儿越来越得不到安全感，心理越来越不平衡，要求越来越多，争吵越来越多，感情也变得越来越淡。尽管在别人面前我们还是扮演着恩爱的一对，但其实我们心里都知道，我们无法长久。"

顿了顿，她又说："我觉得自己特别像《失恋33天》里的黄小仙，他也像极了里面的陆然。遇到问题我不会妥协，只会攻击。我们的爱情也像电影台词一样，开始时我们实实在在地爱上了对方，结尾时我们也实实在在地恨上了对方。我不掩饰，我恨他恨得咬牙切齿。"

"那你现在还恨他吗？"我问。

"都过去那么多年了，哪还有什么恨啊。只是那天A先生离开时的背影让我想起了他。"

顾漫望向窗外，揉了揉眼睛继续说道："我终于明白，有些爱情不是输给了背叛，不是输给了距离，不是输给了物质，更不是输给了小三，而是输给了任性。两个倔强的人，注定会错过。"

008

那天饭局以后，顾漫推了所有的相亲。

想一个人静静。她说。

想整理好心情再出发。她又说。

我什么都没说，只是给了她一个赞。

两个月后，A先生结婚。他在微博上晒了自己的结婚照。照片里，新娘像极了顾漫。她挽着他的手，头靠在他肩上，一副小鸟依人的样子。嘴角那一抹微笑清新而温雅，让人感觉整个世界都安静了。

我翻了翻下面的评论，一堆恭喜祝福的话。翻到第二页的时候，看到有人问：为什么新娘不是你之前的那个女朋友？A先生回复了他。

他说："其实我挺喜欢她的，我们很聊得来。大概是因为我们性格不合吧，没能走到最后。"

我没有告诉顾漫A先生结婚了，我也没有告诉她他其实挺喜欢她的，因为分手后顾漫拉黑了A先生所有的联系方式，微博也取消了关注，我想她应该不太想知道有关于他的事情吧。

有些人你和他在一起时拼命想要逃离，总觉得以后会有人比他更好。可真的分开后才发现，自己丢了一个最爱的人。你开始变得慌张，你知道丢了的东西找不回来，丢了的人亦是如此。于是你只能在别人的身上找寻他的影子，于是后来你爱的人都像他。

多年以后你终于明白，对方在分手时说的那句"我们性格不合"也许不是借口，而是事实。两个性格倔强的人互相把对方当成对手，争得你死我活，最后谁都没有赢。不肯妥协的结果就是各自受累，两败俱伤。你笑当初的自己傻，你笑错的时间注定让你们彼此错过。

你终于想要改变自己，改掉固执和任性，改掉高傲和倔强，改掉所有会吓跑人的东西。

## 009

还记得小时候看的香港TVB的电视剧，我印象最深的一句台词就是：感情是不能勉强的。可惜那时候还小，不懂这句话的含义。长大以后我才慢慢明白，这世上最不能勉强的莫过于感情。在错的时间遇到对的人，或是在对的时间遇上错的人，结果都是错，就算勉强在一起也不会幸福。

爱情从来都不应该是刻意去寻找的，它没有那么多规规矩矩条条框框。按照列出的条件去寻找恋人那才叫滑稽。当你的心准备好了，当你的工作、生活状态都稳定下来，当你发自内心想要寻找真爱的时候，和你一样有着共同期许的人会自然而然地出现。

每一段感情都是成长，每一个伴侣都曾是你的老师。他们就像一面镜子，让你看清了自己，也让你更加明确自己到底想要什么，谁更适合自己。

过去的就让它过去吧。我相信每一次相遇都是缘分，一如我相信，每一次缘分都是命中注定的。那些经历终将会变成一台打磨你的抛光机，抛去你的尖锐，磨去你的棱角，让你变得圆滑、温和，让你学会放下、坦然。

总有一天，你会告别过去那个任性、固执、不懂事的自己。总有一天，你会甘愿放下倔强与骄傲。

你依旧相信爱情，只是，你不会再像从前那样不懂珍惜。

愿你能遇见那个真正适合你的人。

愿你们能好好把握，不再错过。

## 不是你不够好，而是你们不在一个频道

世间存在很多的遗憾和不公平，明明有人爱你爱得热烈专注，你却没法接受他的好心。明明你爱他爱得掏心掏肺、精疲力竭，他却从来没有回头看过你一眼。他在你这儿是金钻VIP，可你在他那儿却连入会的资格都没有。单恋让人变得卑微，也让人痛到心碎。你那么相信他就是你的幸福，只可惜他的幸福不是你。

## *001*

大二那年，我和豆腐最喜欢站在学校外面的马路牙子上吃烤串。豆腐偏爱吃豆腐，皮肤又超白，所以我们给她取了个外号叫豆腐。

她喜欢一边撸着串儿一边在人群当中找帅哥。

我看她老是盯着浩浩荡荡的人群发呆，就会情不自禁地问她："你找着帅哥没？"她总轻飘飘地回我一句："还没。"

"找着了难不成你要倒追人家？"我说。

"只要长得够帅。"豆腐信誓旦旦。

我笑她傻。"女孩子还是矜持点好。"我说。

她往我嘴里塞鸡翅："吃你的吧。"

我以为豆腐是闲着无聊闹着玩儿，结果有一天，豆腐冷不丁地用手肘戳我，说她看见了一个大帅哥。

我说："哪儿呢哪儿呢？"

她朝一点钟的方向指了指："那个。"

我顺着她指的方向看去。一个高高瘦瘦的男生正在不远处的夜宵摊上买炒饭，眉目清秀，轮廓分明。

"怎么样？"豆腐问我。

"身材、长相都不错。"我说。

"肯定的。我看上的人。"豆腐自言自语。

我回过头去看豆腐，看到她的眼里闪起了光亮，碎碎的，好像装下了整个银河系。

那是我第一次见她这样。

## 002

回去以后，豆腐动用一切关系把这个男生给"人肉"了。

男生姓张，单名一个驰字，是他们系里篮球队的队长。他会讲一口流利的英语，平时他的朋友都喊他叫Joy。听说这个英文名的由来和周杰伦有关。他从初中开始就酷爱听周杰伦的歌，《双截棍》《忍者》倒背如流。

青春期的少男少女内心多半是悸动的，豆腐也不例外。

大二下半学期，系里组织元旦文艺汇演。豆腐不知从哪儿打听到Joy要上台唱歌的消息，高兴得整个人都要飞起来了。

她说到了那天，她一定要上台献花，只有那样，他才会记住她。

于是表演当天，豆腐拉着我早早地就来到后台候场。她拿着节目单兴奋地跟我说，Joy今天会唱周杰伦的《菊花台》！他的节目被排在了第七个！

我说哦。

她一把抓过我的手，说她又激动又紧张。

很快，前面六个节目都过去了，终于轮到了Joy。唱到高潮时，台下人声鼎沸，很多人开始跟着伴奏一起唱，荧光棒随着歌曲的节奏左右摇曳，像一片光的海洋。

我和豆腐站在露天舞台的左侧，离喇叭只有两米的地方。豆腐举着手机给Joy录像，其间都没有把视线从他身上移开过。

我捂着耳朵提醒她该去给他送花了。豆腐点点头，眼睛仍旧死盯着手机屏幕里站在舞台中央的他。

快谢幕的时候，豆腐上台给Joy送花，还没站满两秒钟就慌张地跑了下来。我责怪她太尿，她却喘着粗气对我说她太紧张了。

她说当她靠近他的时候，整张脸都在发烧。她不敢看他的眼睛，感觉胸口闷闷的，心跳个不停。

我说，完了，你彻底沦陷了。

## 003

豆腐从小到大都是短发，可那一阵子她突然就蓄起了长发。她说她要变成他喜欢的样子，这样他才会注意到她。

Joy的朋友说Joy不喜欢女孩子太胖，豆腐坚持了一个学期每天不吃中饭和晚饭；Joy在人人网上发状态说他想去看周杰伦在上海的演唱会，豆腐就费尽周折找黄牛买了两张演唱会门票请他去看；Joy半夜三更在新浪刷微博说自己饿了，豆腐就立马从床上跳起来跑去给他买夜宵；Joy喜欢喝奶茶，豆腐就把她知道的所有牌子、所有口味的奶茶买下来。

她为他挖空心思。她主动约他吃饭、唱K、看电影；她给他发短信、打电话，关心他的生活起居；她扮演他好朋友的角色，在他心情低落的时候编段子、冷笑话逗他开心；她给他写长长的日志；她听他聊所有关于他曾经喜欢过的女生的事。

他不喜欢她留指甲，所以她每次跟他出去玩之前都会把指甲剪得很秃；他说她头发剪得不好看，她就再也没去那家理发店。

为了给他挑个心仪的生日礼物，她提前一个多月逛了好多好多家店。她计划在他生日那天对他告白，可到了那天，他却告诉她说，他正在追一个喜欢了很久的女生。

她哑然。他问她怎么了，她勉强挤出一个微笑，假装很开心的样子对他说："很好啊，我帮你一起追她吧。"

后来的整整一年里，豆腐一直在帮他和那个女生传条带话，给他们创造在一起的机会。过年的时候Joy要她陪他向喜欢的女生表白，结果她硬是在大年初一陪他去了。情人节，她帮他选好礼物送给那个女生。女生很喜欢。

他终于追到了那个女生。

## 004

大三的时候，Joy说他想攻读麻省理工硕士。豆腐就偷偷办了签证，考了托福，申请出国。

半年以后，Joy和女友闹分手，Joy选择留下，而豆腐却真的出了国。

豆腐走之前，几个好友组织聚会给她饯行。有人问她怎么会看上Joy，明明她比他优秀好多。

豆腐笑笑，什么也没说。

只有我知道，她刚遇到他的时候，还是一个头发跟男生似的假小子。

那时候，她有点胖。

她很毒舌，经常平静的几句话就能把人说哭。

她不注意形象，是个不会打扮自己的丑丫头。

她喜欢看韩剧，常常在电脑屏幕面前哭得稀里哗啦。

她很幼稚，故意在他面前做些哗众取宠的事，只为他能注意到她。

为了能和他更近一步，她和他所有的朋友打成一片。

为了能够配得上他，她一点一点地努力，以为只有自己足够优秀了他才会喜欢上她，就像《初恋那件小事》里的小水一样，她真的一直一直在努力。

电影最后，小水和男主角终于在一起了。可现实世界里，童话却都是骗人的。

Joy在得知豆腐被麻省理工录取之后，发来短信恭喜她。豆腐没忍住，问他有没有喜欢过她。Joy说："我一直把你当作最好的朋友。"豆腐不甘心，继续问："难道我对你不够好吗？难道我还不够优秀吗？为什么你就不能喜欢我一下？"过了好久，Joy给她回了三个字："对不起。"

豆腐终于"哇"的一声哭了出来。

她抱着我问："是不是我还不够好？是不是我还不够温柔，不够体贴，不够漂亮？是不是无论我多努力，他都不会喜欢我？"

我看着她哭红的双眼，不知道该说些什么。

那天晚上，豆腐喝得酩酊大醉，嘴里喊的全是Joy的名字。

*005*

豆腐出国后，再没人陪我去学校门口的马路牙子上吃烧烤了。渐渐地，我也把这个吃夜宵的习惯给戒了。

Joy和女友分分合合了几次，最终还是没能走到一起。

豆腐偶尔给我寄来明信片，跟我说外面的世界真精彩。她在脸书上po各种各样的美食馋我。她说她才去了一个多月，就胖了三斤。

一年后，我毕业了，Joy去了北京，豆腐留在美国没有回来。

听说她谈了几次恋爱，男朋友都很好，好几个都比Joy好。

他们会挤出时间陪她；他们在逛街的时候不说一句怨言；他们可

以包容她的一切坏脾气和无理取闹；他们会在她不开心的时候讲一堆很冷很冷的笑话。

豆腐说："他们真的很好，可我的心就那么小，小到只能装下一个他。"

"我忘不了他。"她说。

总有些人会这样，一见钟情以后便开始了长达数年的无可救药。深藏起自己的感受，在喜欢的人面前强颜欢笑，把难过和伤感往肚子里咽。

总有些事会这样，你以为遇见了就是奇迹，你以为奇迹还会继续发生，你以为他会为你停留，可千千万万个你以为最后却换来一个不可能。

世间存在很多的遗憾和不公平，明明有人爱你爱得热烈专注，你却没法接受他的好心。明明你爱他爱得掏心掏肺、精疲力竭，他却从来没有回过头来看你一眼。

他在你这儿是金钻VIP，你在他那儿却连入会的资格都没有。单恋让人变得卑微，也让人痛到心碎。你那么相信他就是你的幸福，只可惜他的幸福不是你。

### 006

喜欢一个人被拒的确是一件很糟糕的事情，可这个世界上还有很多人喜欢着一个人却一直没有机会说。眼睁睁地看着心爱的人和别人在一起，却还要违心地装出一副"祝你幸福"的样子，那种感觉应该更不好受。

感情是一件愿赌服输的事情，不可否认谁都想赢，但既然是赌，就必定会有赌输的时候。输了，就要学会放下。

喜欢上一个不喜欢你的人，就意味着一场漫长的失恋。没有告白，没有牵手，没有拥抱，没有亲吻。那些你曾经在梦里幻想过的，无数美妙的、甜蜜的林林总总通通都没有，你应该很清楚。

我知道许多人也像我的朋友豆腐一样，曾经心甘情愿地为某个人奋不顾身，遍体鳞伤后却还是笑着说没事。这样无怨无悔的付出是很好，可以说是每个人青春里的必修课，然而重要的是，你应该学会在适当的时候离开，头也不回地离开。你需要明白，并不是所有的"我爱你"都会换来"在一起"，并不是不求回报的付出就会换来一颗真心。也许更多的，是沉默，是厌烦，是敷衍，是看轻，是无视，是伤害，是冰冷的三个字——"对不起"。

总有人喜欢你，也总有人让你喜欢。总有人不喜欢你，也总有人让你不喜欢。遇上一个喜欢你而你刚巧也喜欢的人很难，所以才会有那么多在感情里受挫的人。

感情这种事情，真的没办法勉强。你能做的，就是把你的义无反顾放到一个值得你付出的人身上去，而不是一味地等待、纠缠、幻想，那会让你的爱显得一文不值。

不知道有多少人正在经历着单恋，不知道有多少人心里还在想着某个人，不知道有多少人把自己困在原地迟迟不肯出来。

其实根本就没有替代不了的人，最后的最后，你割舍不下的往往已经不是当初那个你喜欢的人了，而是那个费尽心思、百般讨好、默默付出的自己。

世界这么大，不一定非他不可。对自己好一点，世上只有一个你，千万不要弄丢了自己。别再为过去留恋，别再为那些不曾爱过你的人停下你前进的脚步。

不是你不够好，而是你们不在同一个频道。

# 不是每个人的青春里都能有一个徐太宇

也许我们的青春没有电影里那么精彩，也许我们注定要在题海里与自己顽抗，但这就是我们的青春。也许不是每个人的青春里都能有一个徐太宇，但我相信，曾经被我们拥有过的就是最美，也是最好的青春。

## 001

前一阵子朋友圈被一部电影刷了屏。聪明的你应该猜到了，这部电影叫作《我的少女时代》。

我向来后知后觉，也向来不喜欢凑热闹，所以每次电影刚上映我都会在家里猫两天，等电影快下线了才会去看。

昨晚拉着男友去电影院看了这部电影。原谅我笑点很低，我几乎从头笑到尾。男主角一脸的流氓气息，不管是发型还是表情，都让我想起了《灌篮高手》里的樱木花道。

他有个响当当的名字：徐太宇。

他是痞子、校霸，他注定是个不平凡的角色。足够猖狂、足够霸道；足够聪明、足够强健；足够善良，也足够痴情。

谁会想到，他和女主角林真心组成了"失恋阵线联盟"，原本想要一起拆散别人，最后却喜欢上了彼此。

青春系列的电影最卖座的地方就是处处都能勾起你的回忆。

书店、操场、白衬衫、图书馆……

越是回不去的岁月越让人怀念，越是令人怀念的年岁才越让人留恋。

我把这部电影当作故事来看，因为我明白，电影不过是电影，它美好而矫情，但又缺乏真实性。不是每个人的少女时代都能那么幸运，不是每个人的青春里都能有一个徐太宇。

但画面放到林真心听录音带的时候，我还是忍不住湿了眼眶。

当磁带里放出徐太宇用西班牙语说出的那句Aquí te amo时，后排有个女生泣不成声，拼命用纸巾擦眼泪。

我想我们被感动的点其实都一样，源于他对她的真心和用心。

他记住了她曾说过的每一句话。

她说，女生说没事就是有事，女生说没关系就是有关系。于是当她在电话里说"我没事啦"的时候，在医院挂水的他立马拔掉针管跑去她家楼下找她。

她说，以后表白没有灵感时不要用歌词啦，可以抄外国诗人的作品。于是他对她的告白真的用了最浪漫的西班牙语。

不知你有没有发现，林真心当时手里拿着的那本诗集，是聂鲁达的《20首情诗与一首绝望的歌》，这部作品被誉为"情诗圣经"。

有人说西班牙语里的Te amo是最高境界的表白，Te是西语里的"你"，amo是动词变位后的爱。虽然翻译为"我爱你"，但从字面上看并没有"我"，所以说西班牙语里的我爱你，可以理解成是爱一个人爱到完全丧失了自我，爱到可以把全世界都给你。

看完这部电影，你是不是这样想：多么希望我的青春里也有一个徐太宇。

他可以看上去坏坏的，但他内心深处一定要善良柔软。

他可以笨笨的不懂女孩心思，但他一定会记住我说过的每句话。

他可以很傻很闷很臭屁，但他一定一定不会忘记我们之间的约定。

我们都在懊恼，为什么自己的青春里少了一个徐太宇，为什么自己的少女时代空虚得像一张白纸。我们都对过去充满遗憾，因为现实中的我们没有那么漂亮的校服，出入校园没有那么方便，学校里没有什么所谓的校霸，对待师长我们毕恭毕敬——因为我们不敢拿自己的前途开玩笑。

那时候，男女生只要稍微走得近一些就会被班主任认定为早恋。

那时候，每天有上不完的课、做不完的作业，早起晚归、披星戴月。

那时候，只想着下一题怎么解，作文怎么写，离高考还有多少天。

那时候就算真的喜欢一个人，也只能默默地放在心里，不告诉任何人，因为你清楚地知道，只有让自己变得更好了，才有资格跟他在一起，于是你发奋读书，期待有朝一日可以与喜欢的人平起平坐。

我们的高中三年没有电影里那么跌宕起伏，不可能背着老师和父母翘课去溜冰，学校也没有砸水球比赛，但我们的每一天都是充实而快乐的。因为总有那么几个人与你趣味相投，愿意与你交心——这是多年以后再也找不回的真心。

以前总觉得待在学校里的日子很漫长，每天除了吃饭、睡觉就是上课、做题，枯燥乏味。偶尔有一节体育课，还会莫名其妙地被数学老师或英语老师以体育老师"生病"或者"有事"而占掉。那时候就想，什么时候才能告别校园，见见外面的世界？什么时候才能扔掉面前一摞一摞被堆成山的书，好好出去玩一次？什么时候能取消那么多考试，做自己真正想做的事？

后来，高考结束，大家去了不同的城市，这次是真的彻底自由了。可是，一年以后却开始想念起从前了。

从前能被人怀念，自然是有它吸引人的地方。因为曾经拥有，所以值得怀念。因为再也回不去了，所以格外怀念。

很可惜，我从高中开始就一直待在文科班，接触的异性少之又少，我所处的环境也根本不可能发生那么多浪漫的事。相信大多数人应该跟我一样，少女时代被浸泡在了无数的公式和试卷里。

那个时候，分心是一件很奢侈的事情，大家都争分夺秒，连下课时间都在做题；那个时候，女生几乎人手一本《花火》《萌芽》，那是我们仅有的精神食粮；那个时候，班主任像幽灵，总会在我们犯错的时候出现，收走我们的漫画和小说；那个时候，学校有一堆变态规定，让女生齐刷刷地把头发梳得光溜溜的，男生统一全是寸头……

电影里有一段徐太宇考试进了前十，却被新来的教导主任冤枉作弊的剧情让我特别有感触。我曾经也遇到过一位这样的老师，同桌通过努力考了不错的成绩，她却发出质疑，用一种特别伤人的方式证明自己的武断是正确的。同桌因为这件事趴在桌上哭了整整一节课。

很多老师只是光有老师这个头衔而已，实则很没师德。他们不知道尊重这两个字该怎么写。当污言秽语从他们的嘴中冒出时，教师这个词已经被弄脏了。

我见过这样的"老师"，对学生说："你这辈子注定一事无成。"

我见过这样的"老师"，对学生说："就你这样，我料定你考不上大学。"

我见过这样的"老师"，对学生说："这么简单的题都不会做，你将来能干什么？"

我还见过这样的"老师"，班里差生拖了后腿，直接把他的书包往楼下扔，一脚踢翻了他的书桌……

为人师表，应该传道授业解惑，而不是利用自己的职权，去轻率又随意地判断一个人的属性，并试图给一个人的一生下定义。你没有那个资格，你也不配。

十七八岁时的我们多半叛逆，我们骨子里不想屈服。我们有我们的倔强，我们有我们认为值得骄傲的地方，没有人能践踏我们的尊严。

就像电影里林真心说的那句台词："你说学生要有学生的样子，但是分数和校规都不能定义我们。成绩好的学生也会犯错，曾经犯错的有一天也会变好。是好是坏，不是你说了算。只有我们自己知道我们是谁，只有我们自己能决定自己的样子。"

压抑着内心的叛逆，我们一路跌跌撞撞，最后却还是走过来了。

回头看看自己的青春，除了颜色晦暗一点，好像也并没有什么。

我不知道有多少人正在经历着高三，经历着升学，经历着人生中第一次巨大的考验，我只想说四个字：加油，珍惜。

你应该庆幸，作为学生的你还有寒暑假，人与人之间的交往不是靠利益，每天不用为了生计烦恼，更不用操心水费是否交了、电费是否充了，你只要一门心思去学习。

也许现在的你觉得每天很累、很忙、很辛苦，想早点摆脱现状，但我想告诉你，不是只有你一个人在累、在忙、在辛苦。

也许我们的青春没有电影里那么精彩，也许我们注定要在题海里与自己顽抗，但这就是我们的青春。

也许不是每个人的青春里都能有一个徐太宇，但我相信，曾经被我们拥有过的就是最美，也是最好的青春。

## 后来，我总算学会了如何去爱

其实我们都明白，我们已经和从前大不相同。我们越变越温和，越变越包容，越变越能接受这个世界的残酷。可唯一不变的是，陪在我们身边的那个人，已经不再是你。

## 001

　　这世上所有的离别都让人措手不及，每每发生，都让人毫无准备。

　　爱情来得太快，去得也太快，要不然周董怎么会想到用龙卷风来形容爱情呢。

　　爱上一个人，只需要三秒钟的时间。而厌倦一个人，往往也不需要太久。

　　爱情降临的时候，纯粹又简单。

　　仲夏夜的一个吻，自行车后座的一缕微风，或是图书馆内的一抹微笑。

　　那些细细碎碎的温柔像刚拆封的糖果，甜甜的味道在空气里荡漾开来，把人迷得醉醺醺的。

相遇那么美，美到注定会让两个彼此陌生的人滋生好感。

于是男女主人公怀着些许忐忑不安在一起。

没想太多，也不用想太多，因为年轻，所以做什么都可以凭感觉。

对一个人有感觉，这不就是爱吗？这种感觉会让人冲动，让人产生想要去靠近他/她的欲望，进而想要触碰他/她、占有他/她。

不得不说，我年轻的时候对爱的理解就是占有。

就像小时候，我有一个非常漂亮的洋娃娃，每天晚上都要抱着它入睡。我不允许任何人碰它，不允许别人把它从我身边带走，甚至不允许他们和它说话。

我固执地认为，它是有生命的。并且固执地认为，只有我才能拥有它。

后来有一天，家里来了个比我小三岁的弟弟，他趁我不注意，偷走了洋娃娃。我怒不可遏，跑去和他争抢。不料，在争夺的过程中，洋娃娃被撕成了两半。就这样，因为自私地占有，我失去了最爱的一件玩具。

## 002

很多人都是这样，拥有的时候握得很紧，生怕怀揣着的宝贝会被别人盯上、抢走。于是越握越紧，渐渐让人窒息。

以为有些东西只要死死抓住不放，就永远不会丢失。然而，珍爱之物如同细沙，握着握着，就从指缝间溜走了。

突然明白了，年少时人为什么会容易受伤。因为那时候的美都被放大了，就像所有的丑也都被放大了。

你眼里揉不进沙子，不允许自己构建出来的城堡出现一丝裂缝。

总是拆了东墙补西墙，敏感到要拿着放大镜去查看瑕疵。

在意的事情多了，心也就容易受伤了。

上小学的时候，老师经常批评那些成绩差的学生，说他们脸皮比城墙还厚。可那帮家伙从来都是笑呵呵的，不回嘴、不气馁，反倒把老师气得满脸通红。

现在想来，那何尝不是一种智慧。

何必在意那么多细节呢？总拿生活中一些不开心的事情折磨自己，然后把气撒在喜欢的人身上，值得吗？

## 003

我有个朋友大学毕业那年和男友分手了。

他们异地恋了三年，本来说好毕业后，他去找她，可最后因为一件很小很小的事情分了。

朋友一直单身到现在。

相过无数次亲，遇到过形形色色的人，可始终没有一个人能和他比。

我让她不要再拿他们和他比了，比不过的，也没有可比性。

她问我为什么，我说："记忆里的人永远是完美的，因为完美伴随着遗憾。"

那一天，朋友还是哭了，她说早知道就不跟他分了。分了以后才明白，从前的他有多爱她。她说："他那么迁就我，我却从来没有迁就过他一回。现在我想好好地爱一次，可他却已经不在我身边了。"

这世上最悲凉的事情莫过于此。

不懂爱的时候，遇到了一个爱你入骨的人。你放纵着自己的一切，在他面前张牙舞爪，骄纵着、叛逆着，唯恐天下不乱。

你以为他会永远陪着你，但不知道超人也会累。何况，那个人他不是超人。

就这样，你们在时间的无涯里丢了彼此。

多年以后，想找，却找不回来。

004

其实我们都明白，我们已经和从前大不相同。

我们越变越温和，越变越包容，越变越能接受世界的残酷。

可唯一不变的是，陪在我们身边的那个人，已经不再是你。

原来，时间带走了骄傲的我们、自私的我们，还有那段不懂爱的曾经，连同记忆深处爱着的那个人。

后来，朋友说她终于听懂了刘若英的《后来》。

她说有些人就是用来怀念的，因为他活在她的记忆里。

我说："那你现在学会如何去爱了吗？"

她点点头，又摇摇头。

喜欢的人留不住，不喜欢的人却像牛皮糖；喜欢的人总喜欢在他身上挑毛病，不喜欢的人却连看一眼都勉强。

"你说我这是不是病，得治？"

"是。"我说，"你真的是病得不轻，得治。"

如果当初的你，能够不那么倔强，我们是不是就不会错过？

而如今，我总算学会了如何去爱，可惜你早已远去，消失在人海。

原来，有些我们以为一直在珍爱着的东西，一旦错过就真的不会再有了。

# Part 2

# 地 久 天 长 ， 误 会 一 场

暗恋像一剂毒药，让人上瘾
你会舍得去为一个人付出真心
就算飞蛾扑火，就算粉身碎骨
你都甘愿

## 多少爱，输给了自卑

真爱一个人，就去把自己变得更好、更强大，让自己配得上她。去做她的靠山，去做她的铠甲。保护她、呵护她，给她一个家，而不是畏首畏尾，留她一人独自面对。

## 001

曾经有个巨蟹座的男生给我写信，说他爱上了一个女生，可他不敢去追。

"她是那么好、那么好，好到全身都在发光。所以我只能远远地看着，不敢将她占为己有。"

我突然想到许多陷入爱情里的男男女女，在恋情萌芽的初期都是如此。

喜欢一个人就将他藏在心里，不敢表达、不敢告白、不敢向前一步，只能站在原地踌躇。

等到花谢花开，等到岁月蹉跎，等到对方已然被别人追走，自己才顿生悔恨，懊恼当初为什么不告诉对方，自己是多么多么喜欢对方。

你一定也有过这样的时候。

你偷偷地喜欢上了某个人，她是那般闪耀。长相好、学业好、工作好、家世好，连笑容都带着温度。

你情不自禁地靠过去，做一些哗众取宠的事情来吸引她的注意。

她终于看到了你。

她与你搭话，侧过头去朝着你眨眼睛。

你高兴得就跟中了头彩似的，心里也早已是遍地开花。

那天之后，你就对她着了魔，无时无刻不在想她。

路上，睡前，梦里。

思念终究是一件折磨人的东西。你开始想要拥有她，你想天天与她在一起。因为，你真的好喜欢她啊。可是，转念一想，你又开始难过起来。

"她这么好，我哪点配得上她了？"

"好想告诉她，'其实我已经喜欢你很久了'。"

"但说了，会不会连朋友都做不成？"

"她应该不会喜欢我吧？"

"她会不会喜欢我？"

"如果她也喜欢我，那就好了。"

就这么想着，你越想越难过，越想越无望。

你低头瞧看自己：长相一般、学业一般、工作一般、家世一般，全身上下毫无亮点。

一声嗟叹后，你把自己扔进被子里。

"多希望自己是一只丑小鸭，至少最后的最后，丑小鸭蜕变成白天鹅了啊。"

许多感情，始于心动，止于被动。

有个姑娘曾经告诉过我，她一直在等着那个心爱的男孩，可男孩却因为自卑久久躲避她。

他明明是爱她的，可他却推开了她。

他说他给不了她想要的生活，所以宁可将她拱手相让。

姑娘给我写这封信的时候已经嫁作人妇，她说她的确有了他口中所说的"好的生活"，但那只是他以为。

他以为她想要的是荣华富贵、养尊处优，他以为嫁给一个条件优渥的男人她就会幸福。可是，他错了。

结婚后，她过得并不开心。

丈夫是个上海小开，继承祖业打理着自家生意，鲜少关心她的起居，更别说静下来，两人面对面聊会儿天了。

每年生日、过节，她都是一个人孤零零地过。

她时常会在夜深人静的时候想起他，想起他们的过往。

他骑着单车，她坐在后头。微风伴着栀子花的味道缓缓吹过，轻柔地抚摩着她的脸。她一阵犯困，就把头靠在了他的后背上。

最美不过恋爱时。

她说，多年以后，她还是忘不了年轻时候的那段感情。

我想，她是遗憾的。遗憾所嫁之人不懂自己，遗憾没有和心爱的人长相厮守，遗憾时光无法回流。同样，她也是无奈的。因为年少时拨动她心弦之人是那般怯弱，怯弱到担负不起他们的未来，怯弱到忍痛割爱，怯弱到抱头鼠窜。

这怎能不叫她失望。

003

爱情可以输给时间，输给距离，输给现实，但不能输给自卑。因为自卑是你对自己的一种否定，你连你自己都不相信，你还能相信谁？

世界上最遥远的距离，不是你站在我的面前却不知道我爱你，而是你明明知道我爱你，却要在我面前掘一条无法跨越的沟渠，然后告诉我，你这么做是因为爱我。

就像那些因爱逃避的人，你能说他们不爱吗？不能。

你能说他们很爱、很爱吗？也不能。

如果很爱、很爱，为什么给不起对方未来？如果很爱、很爱，为什么选择离开？如果很爱、很爱，为什么不去克服心理障碍？

多少人因为那可耻的自尊心，愚昧到把爱情亲手葬送，还以为自己很伟大，说什么"有一种爱叫作放手""我给你最后的疼爱是手放开"。

我不相信这些鬼话。

真爱一个人，就去把自己变得更好、更强大，让自己配得上她。去做她的靠山，去做她的铠甲。保护她、呵护她，给她一个家，而不是畏首畏尾，留她一人独自面对。

别再把爱输在自卑里，别再做那些会让自己后悔的事。

一切的一切，其实都掌握在你自己手里。

## 暗恋的时候，真的好舍得去爱一个人

都说心里装着一个人的时候最幸福，那是因为，暗恋会让你觉得内心满满。你不奢望他/她会给你带来什么样的结局，亦如你不奢望他/她会爱上你一样。你只是默默地，小心翼翼地看着他/她、护着他/她、暖着他/她。

## 001

　　我喜欢她很久了，可是她有男朋友。

　　有一阵子她和男友吵架，心情不好，我每天晚上都会陪她聊天到很晚。

　　然后我自己困了就把手机放在肚子上。

　　震动了就爬起来回消息，直到和她说过晚安以后才睡下。

　　我时常在想，如果我比他早一天遇到她，她是不是就会选择我？

　　可每当听到她说着他和她之间的故事，每当看到她为他流泪，我就觉得自己像个傻瓜。

　　我知道她不爱我。

　　她爱的人是他。

## 002

知道他喜欢喝旺仔牛奶,每天去学校的超市买热好的给他。

每次去食堂吃饭,明明可以抄近路,却偏偏拐到他的教室那边,只为了可以看他一眼。

他生日的时候,我折了三百只千纸鹤送给他。

那是我熬了一个礼拜的通宵折完的,因为想赶在他生日前送给他。

可后来他还是有了女朋友。

他和她般配得让我想哭。

## 003

一直偷偷暗恋高中同桌。

大学的时候我们一个在南一个在北。

我喜欢她,相信她应该知道。

因为异地,我迟迟没敢表白。

直到有一天,她跟我说,她找到了男朋友。

我强装洒脱,还调侃她说:"你一定要幸福呀,哈哈哈。"

挂了电话眼泪就不停地掉。

后来很长一段时间不再联系。

有一天晚上喝醉了才鼓起勇气打给她,说我想她了。

## 004

我小学的时候暗恋一个男生。

学校每年都要评选大队长和大队委。

他挺出色的，也是候选人，比我大两届。

我每次去投票的时候，都会拿两张选票。一张交上去，一张带回来。

好像手中攥着那张印有他名字的小纸片就会跟他产生某种微妙的联系似的。

现在已经过去了七八年，当初的那个男生依然不会知道这些事情。

可这就是我喜欢的暗恋啊。

只在我一个人的心里默默地产生着化学反应。

有时候喜欢一个人真的不敢对他说。

一方面怕自己说了会遭到拒绝，一方面又怕说了会连朋友都做不成。

我宁可沉浸在暗恋里，也不要在得到后失去。

暗恋一个人的时候，我们总喜欢为他/她做好多好多事。

把他发的一切动态都当作阅读理解来看；

悄悄关注他关注的人；

偷偷往他课桌里塞好吃的；

把他的喜好和他说过的话放在心上……

暗恋像一剂毒药，让人上瘾。

你会舍得为一个人付出真心。

就算飞蛾扑火，就算粉身碎骨，都心甘情愿。

都说心里装着一个人的时候最幸福。

那是因为，暗恋会让你觉得内心满满。

你不奢望他/她会给你带来什么样的结局，亦如你不奢望他/她会爱上你一样。

你只是默默地、小心翼翼地看着他/她、护着他/她、暖着他/她。

那种一想起他/她就会忍不住笑的悸动让你痴迷。

那种一见到他/她就会心跳加速的紧张让你留恋。

许多年后，恐怕再也不会有了吧。

## 我以为每天跟你说晚安，你就会知道我爱你

究竟要我说多少遍晚安，他/她才会懂我的小心思？究竟要过多少个日日夜夜，他/她才会回过头来看我一眼？我不会说酷酷的情话，但我会对你说晚安。

## 001

我不是一个特别矫情的人，就算喜欢谁，我也不会放在嘴上说。

我会选择一种非常含蓄又隐晦的方式去表达我的感情。

比如说，对喜欢的人说晚安。

如果你以为我生来就这么浪漫的话，你就错了。

还记得那是我上大二的时候，有个男生经常在睡前跟我说"お休(やす)みなさい"。

彼时，他在日本留学，时常会用日语跟我交流。

我看着屏幕上的日文一片茫然，就会问他说的是什么。可他老是调皮捣蛋，死活不肯告诉我。

我听不懂他说的岛国话，也弄不懂他到底想表达什么，于是就只好装聋作哑。

唯一一句能被百度翻译出来的日语就是"お休(やす)みなさい"了。

它的意思我想你闭着眼睛都能猜到。

对，就是晚安。

每个在睡前说晚安的人，内心都十分柔软。因为这两个字本身就很温柔。

## 002

A在追C的时候知道她刚失恋。

那段时间她天天失眠，每晚缩在被窝里看超级虐心的韩剧，然后一把眼泪一把鼻涕地抽光身边所有的餐巾纸。

A原本想表白，但又怕她一时不能接受。

她是典型的金牛座，喜欢钻牛角尖，倔起来就不知道天高地厚。

前男友和她提出分手那天对她说："你哪儿都好，可我就是受不了你那个倔脾气。"

C一个人站在雨里哭了半个小时，A把她从雨里拉走。

"你说你丢不丢人？"A说，"站在那儿淋雨很骄傲是吗？"

他略带责备地看着她，心里又有一丝心疼。

他是她的男闺密，是她的发小，是她的同桌，是最了解她脾性的人。

他见过她最丑的样子，见过她撒泼的样子，还见过她睡着后流口水的样子。

那阵子她失恋，他也跟着一起难受。

为了让她的伤口愈合，他答应每天晚上给她讲一个童话故事。

她哭着说："为什么偏偏是童话故事？"

他笑笑说："因为只有童话才能治愈你呀。"

"瞎说，"她在视频那头擤着鼻涕说，"童话都是骗人的。"

A坚持每天给C讲一个童话故事，C的失眠症明显好了不少。

有时候听着听着，她会突然睡去，A就会挂了语音，给她发过去两个字：晚安。

其实，C知道A喜欢她。

那天她在逛空间的时候看到A的一条说说：我以为每天跟你说晚安，你就会知道我爱你。

碰巧，她在人人网上看到了一篇别人的分享，说晚安这两个字的拼音是wanan，把它用中文扩充起来读就是"我爱你，爱你"的意思。

原来他每天对我说的晚安背后，竟有如此深层的含义。C想。

渐渐地，他的晚安成了她的一种习惯，只有看到这两个字，她才能安然入睡。

她不再让自己去回忆那些过往，不再去想会令自己伤心的画面。

她换了新的发型，买了新的衣服，删了前任的联系方式。

她觉得自己重获了新生。


生日那天，她约A吃饭。

精心打扮的她让他眼前一亮。

他夸她变美了，她却看着他词不达意地说："谢谢你的晚安。"

*003*


晚安在有些人的眼里或许只是一个睡前礼貌用语，但在有些人的心里却是一句想说又不敢说的情话。

喜欢一个人的时候，我们总爱跟他/她说晚安。

好似短短两个字就能把天下所有的情话说尽。

有时候，你希望对方能懂这两个字引申的含义；有时候，你又希望他/她不懂。

真是矛盾。

可无论有多矛盾，你都希望有朝一日他/她能明白你的小心思，不是吗？

你无法言说这其中的情愫，只是想给那个人百分百的宠爱。


究竟要我说多少遍晚安，他/她才会懂我的小心思？

究竟要过多少个日日夜夜，他/她才会回过头来看我一眼？

"我爱你，爱你"是多么隐晦的爱啊！

谁会想到，它竟然暗藏在一个温馨的词汇背后，承载着无数人沉甸甸的感情。

能被道晚安的人，无疑是幸福的。

因为，那样的两个字里，多了一份牵挂，多了一丝温暖。

## 我是爱你的，你是自由的

爱一个人的时候，就像手里握着一把细沙。握得越紧，流失得越快。爱一个人，就要接受他原本的样子，让他去做他想做的事。

## 001

多年以后，我终于明白，爱一个人就是要给他自由。

以前爱一个人觉得就要天天黏在一起，天天你侬我侬，天天做好多好多有爱的事。

许多年后才发现，爱一个人是要与他共同进步，一起规划未来，一起朝着同一个方向去努力。

爱一个人的时候，就像手里握着一把细沙。握得越紧，流失得越快。

可惜从前的我不明白这个道理。

我只是一味地想要握紧，想要掌控，结果对方被我吓跑了。


分手那天，他在电话里对我说："请放过我。"

我不依不饶地说："为什么你要这样对我？难道我对你不够好吗？"

是，我对他够好。

可是那些所谓的好只是我以为的啊。

我以为我的黏人是爱得热烈，殊不知在对方眼里，这样的爱是一种负担，一种压力。

我以为竭尽可能地去迎合对方的喜好，爱心满满地去为他付出，就会换来他对我百分百的爱。

可事实证明，那些我硬塞给他的东西也许根本就不是他想要的。

就像猴子喜欢吃香蕉，你偏要给它一箱苹果，你说它吃还是不吃？

爱一个人不是束缚，更不是为所欲为地将他改造成你想象中的样子。

爱一个人，就要接受他原本的样子，让他去做他想做的事。

爱一个人，应该给对方自由。

## 002

我花了六年的时间才想明白。

现在的我改掉了多愁善感、顾影自怜的毛病，渐渐习惯用那些疑神疑鬼的时间好好地经营自己。

喜欢给自己画一个精致的妆容，买上几本想看的小说，约上几个好友畅谈一下人生，在那些与另一半分开的时间里独自享受一个人的欢愉。

我总觉得，爱你的人，不会走。

无论你变成什么样，他都不会走。

除非他变心了。

他爱你的时候，你说话的嗓音是甜美的，微笑是迷人的，连生气都那么可爱。

他不爱你的时候，你撒娇是恶心的，说话是烦人的，连哭泣都让人觉得讨厌。

如果他真的变了，无论你做什么都无法挽回他的心。

而一个连心都不肯再给你的人，你又有什么好留恋的呢？

### 003

我是爱你的，你是自由的。

可当我不爱你的时候，也一定是你不再对我真心的时候。

## 谢谢你让我变成了更好的自己

或许你曾经暗恋过某个人，因为喜欢，你一路追赶，从没想过未来是否会在一起，可你却一直在为他改变着。你希望有朝一日能和他一样发光发亮，即使是在他看不见的地方。后来你终于发现，自己和他始终是不同世界的两个人。永远追赶不上他的你唯一能做的，就是对他轻轻地说一声谢谢，谢谢他让你变成了更好的自己。

## 001

前几天晚饭后出门溜达，在小区的公园里偶遇了孙丹。

她挺着个大肚子，走路摇摇晃晃，远看有点像缩水版的大白。

我走上前去和她打招呼："嘿，这都几个月啦？"

"还有五天就要生了，所以吃完晚饭出来走走。"

我作一脸惊讶状，然后看到孙丹脸上洋溢着满满的幸福。

孙丹是我的发小，7岁的时候因一起学琴认识，每年暑假我们都会一起考级。她家和我家就隔开了两条巷子，我们同住一个小区。

婚礼前她叫我去当伴娘，我满口答应。可最后因为工作原因连婚礼都没去成，为此我一直觉得很遗憾。

我扶她到小路边的石凳上坐下，两个人忍不住聊起了天。

我问她："就快临盆了，你怕吗？"

她说："从前怕，现在反而不怕了。"

我说："这是为什么呢？"

她拿出手机，打开一段视频，递给我看。

视频里，我看到她的肚子在动。一会儿左边凸起，一会儿右边凸起，此起彼伏，像一条波浪线。

这是我第一次看到胎动。

"看来他已经急不可耐地想要降临于世了，所以在'大闹天宫'呢。"

孙丹笑笑说："所以现在我不怕了，我只想他快点儿出来。"

## 002

孙丹就要当妈妈了？其实，我还没缓过神来。到现在为止，我俩小时候的场景还历历在目。

那时她扎两个小麻花，走路一跳一跳的。我打趣说是因为她跳蒙古舞跳多了，所以连走路都是腾格尔的感觉。

她虽打小同我一起学琴，但真正的兴趣却在跳舞上。

9岁以后，我开始陆陆续续参加不同的弹拨乐比赛，她则学起了民族舞。

一次比赛结束，我路过舞蹈组，刚好轮到孙丹上场。随着音乐声响起，我看到她挥舞着头巾向前冲跑，下腰、耸肩、翻转、跳跃。我看呆了，好像分分钟到了科尔沁大草原。

那次全市"三独"比赛，我拿到了乐器组一等奖，孙丹是舞蹈组一等奖。

003

从小学到初中，孙丹也算是多才多艺。小学就甭提了，到了初中，追求者便像雨后春笋般冒出。以至于刚进初一那会儿，几乎人人都认识她。

一开始，那些塞在孙丹课桌里的情书她连看都不看一眼，可忽然有一天她告诉我说，她好像喜欢上了一个人。

我说："大小姐，现在我们才初一，你可不能早恋。"

她说："我知道。"

她边说边把我硬是拉到了操场上。

我问她这么大热天的把我拉太阳底下来干吗。

她指着远处一个穿着白色T恤衫的男生对我说："就是他。"

孙丹跟我说，她注意他好久了，他们是同班同学，他就坐在她同桌的后面。有一次放学前，她去上厕所，回来的时候看到他正在往她的课桌兜里塞东西。她以为又是一个递情书的，就走上前对他说："谢天奇，你在给我送情书吗？"

结果，他面无表情地回答她说："无聊。看你文具盒从课桌里掉了下来撒了一地，帮你捡起来而已。你想多了。"

孙丹愣住了。她说她头一次遇到这么酷的男生，从此就牢牢地记住了他。

谢天奇是班里的尖子生，考进三班的时候是全班第一。也难怪，他对谁都是那么一本正经，如果你跟他提学习以外的事情，他就会各种皱眉，一脸嫌弃，然后轻悠悠地吐出两个字：无聊。

孙丹说他给人的感觉有点像《灌篮高手》里的流川枫。可是，流川枫打的是篮球，谢天奇喜欢的却是足球。

自从喜欢上谢天奇以后，孙丹就变了。

从前，她是众星拱月下的娇宠，享受各种爱戴。可在谢天奇面前，那些光环好像都在一瞬间消失了。

她突然变得极其微小，就像一粒尘埃掉进了黑洞，怎么都出不来。

数学课，她会假装向后座借笔，趁机偷看他几眼。

语文课，她会祈祷老师点他的名，这样就能听他朗读课文。

体育课，她会坐在看台上看他踢球，球进了她就跟着瞎激动。

"可这一切他都不知道，不是吗？"我说。

"我喜欢他这件事，我自己知道就好。"孙丹看着在远处驰骋的少年，自言自语道。

## 004

2003年，非典来了。孙丹因为感冒引起发烧，成了重点怀疑对象。学校自然是去不成了，天天被关在医院说是留院观察，需要隔离。

一个周末的晚上，我在家接到一个电话。接起来就听到孙丹压低了的声音，她说："帮我个忙吧，我怕我以后都没机会跟他说了。"

我吓了一跳，叫她别胡说，只是被隔离而已，不代表被感染了啊。

然而孙丹却在电话那头哭了。她说她特别害怕，怕自己万一"中奖"了，就再也见不到他了。

我说："你是要我帮你向他表白吗。"

她说："不是，只是想让他知道我喜欢他。"

我说这不就是表白吗。

结果她把电话挂了。

"喂！话还没说完呢！你究竟要我怎么帮你呀！"

电话那头已经是嘟嘟嘟的忙音。

我猜，这电话是她溜出来偷偷打给我的。

005

后来我临摹了孙丹的字，写了一封信，把她跟我说过的话都写了进去，洋洋洒洒写了三页纸。然后在某个周五的放学时间，我跑到了三班停车场。

孙丹跟我说过，每周五她都要出黑板报，所以她会在学校逗留到很晚才回家。那时候她最喜欢做的一件事情，就是趴在北边的窗户上看着谢天奇推着车从车库里走出来。

那是一辆浅蓝色的山地车，很漂亮。

一次谢天奇经过的时候，单脚踩着踏板滑行，到了校门口被值日的同学看到，被迫停下。孙丹看着他从优哉游哉地吹着口哨到被记下名字后的慌慌张张、不知所措，差点笑哭。

聪明绝顶的谢天奇啊，你也有这么不知所措的时候。孙丹暗爽。

从那天起，她就爱上了星期五。

### 006

我终于掐着点把信送到了谢天奇手里，他收到信的时候一脸茫然，眼神特别空洞，好像在说："又是哪个无聊鬼不好好学习，成天写情书。"

我向他摆摆手说："反正不关我的事，我只是负责送信的！"

正当他想把信交还给我的时候，我已经二话不说拔腿跑了。

休想把信还给我，信到人到，任务完成！

如果你要问我信里到底写了什么，这么多年过去了，其实我也早已不记得，大概就是那些她喜欢他的细节吧。我把我能记住的都写了进去，然后各种感人、各种煽情。现在回想起来，估计挺恶心、挺肉麻的吧。

没事，这有什么，反正落款的名字又不是我，是孙丹。

## 007

后来孙丹说她被我害死了。

她如愿地康复，如愿地被解除隔离，如愿地被医生给放了出来。可她没能如愿的是，初一结束了，寒假过去就进行了分班，她还在三班，可谢天奇却被调到了一班，而我则去了二班。

我说："分班又不是我的错。那是你之前生病落下了太多功课，所以分班考试没考好。你也知道，这次分班是按全年级排名来分的。"

她说："就怪你，我让你别表白，可你最后写的是什么？"

我想了想，问她是不是被拒绝了。她点点头。

"上周五我忘带作业本回家，晚上跑来学校，结果，你猜怎么着？"

"见着鬼啦？"

"你才见着鬼了！我遇到了谢天奇……"

孙丹难掩激动的心情，死命拽我的衣服，摇我的身体，让我想到微信上的兔斯基表情——一只兔斯基拉着另一只兔斯基用力地摇晃、撕扯。很明显，我就是那只被撕扯的兔斯基。

我说："够了！请你讲重点好吗？"

于是孙丹放下了撕扯我的手臂，开始讲起了重点。

那晚她回学校拿作业本，因为教室门被锁，所以只好爬窗进去。孙丹说还好那天出黑板报她最后一个走，后门前面那扇窗户她忘了关，否则就真的进不去了。结果她爬到一半，听到一个声音飘过来：

"谁啊？这么晚了怎么爬窗？"

她差点被吓哭，整个人卡在窗户上一动不动。

"我……我是来拿作业本的……"

"谁知道你说的是真是假，不会是小偷吧？"

那个声音越来越近，等到他彻底靠近孙丹以后，孙丹一个回头便看到了谢天奇那张眯着眼睛的脸，她"妈呀"一声就从窗户上摔了下来。

008

"我有那么可怕吗？"谢天奇皮笑肉不笑地说。

"……"孙丹坐在地上，一句话都说不出来。

谢天奇搭了把手，把她拉起来，然后问她："你座位在几排几座？"

"三……三排五座。"

"哦。"

于是，他帮她拿回了作业本。

我问孙丹："那天谢天奇怎么会在？这也太巧了吧？"

"他是他们班副班长，那晚他留下来帮忙出黑板报，结果下楼的时候经过我们班，就看到我在爬窗。"孙丹郁闷地说，"他居然以为我是小偷！"

我说："很正常好不好，那个时间学校乌漆墨黑的，你那么诡异的举动不被怀疑才怪。"

"不过他拉了我的手。"孙丹两眼放光，随即又一脸失望，"可是他还是认出了我。"

原来那天晚上，谢天奇想起了孙丹和那封信之间的联系。他跟孙丹说，初中期间，他是不会谈恋爱的，他让她不要那么无聊，把心思放在学习上。

孙丹被谢天奇说得面红耳赤，我猜她当时一定很想对他说："那封信不是我写的！"可是，谁叫最后的落款是她呢？谁叫他终究还是知道了她的小心思呢？谁叫她喜欢他呢？

009

那天以后，孙丹就失恋了。不过她好像一点儿也不难过，因为她说，那种在电影里才会有的桥段都被她给碰上了，这就是老天在提醒她谢天奇就是她的Mr. Right。

那时候她最爱听Jolin的《说爱你》，她说她的心情就是整首歌的歌词。

在那个情窦初开的年纪，她只是想要看看他便心满意足。

然而这样的小欢喜并没有持续多久就迎来了中考。最后谢天奇以644的高分考进了市重点A中，我在B中，孙丹则去了C中。

听说C中离市区很远，而且是出了名的监狱化管理，为此我对孙丹表示担忧。结果孙丹嬉皮笑脸地说："没什么啦，只是以后会很少见面而已。"顿了顿，她又补充了一句，"以后千万不要忘了我啊。"
我用力地点点头。

分道扬镳前，孙丹特意托朋友把谢天奇约了出来，说是有话问他。她具体问了他什么，他又对她说了什么，我无从得知，因为孙丹那家伙到现在也不肯告诉我。

我觉得，肯定有什么不可告人的秘密吧。

010

高中三年，我和孙丹的联系的确少了，确切地说，几乎没联系。那时候不比现在有手机、Wi-Fi、QQ、微信，你可以想尽一切办法联系到你想要联系的人。可是那会儿，我们没有手机，没有Wi-Fi，没有QQ，没有微信，想要联系一个人还很困难。

直到高二上学期我家才装了宽带，开通的当晚我就注册了QQ，各种添加好友。当清脆响亮的消息提醒声从耳机里传出，我突然觉得整个世界都明亮了。

我和孙丹真正取得联系是在高三下学期。那时我们的一个共同好友把她的QQ号给了我，我才联系上了她。

加上她以后我开口第一句就是问她和谢天奇还有联系吗，她说她一直有他的QQ号。

什么？！我说："你个见色忘友的，我怎么就没你的QQ号！"

她淡定地回我说："谁叫你那么晚才注册，到现在才来加我！"

好吧，这不是家里想让我用功读书不给我开通网络嘛，怪我咯？

孙丹告诉我，她和谢天奇偶尔会在QQ上聊天。他还和以前一样，劝导她要好好学习，不要做一些无聊和没有意义的事情。她呢，满口的"哦哦哦"，随后回他一句"但我还是会继续喜欢你"。

### 011

2008年，高考了。就在那一年，高考总分进行了改革，变成了3+学业水平测试。

高考成绩出来以后，我一个电话飙给了孙丹。那个时候我终于有了人生当中的第一部手机——"糯鸡鸭"。

"喂，孙丹，我考上了N市。你怎么样？"我特别着急地想要知道她去了哪个城市，可我没听出电话那头的沉默意味着什么。

"怎么了……"

"我没考上……"

"没考上是什么意思……"

那一刻我比孙丹更心急。可事实却活生生地摆在那里，她落榜了。

我不知道该怎么安慰她，我们就在电话里沉默了足足一分钟的时间。最后我听到她斩钉截铁地说了句："我要去复读！"

"你想好了吗？复读可是很痛苦的。"我担心地说。

"想好了。"她说，"如果不复读，我和他就不会再有交集。"

我不知道她哪来那么大勇气，但我知道她为什么那么拼命，因为他住在她的心里，她想要追赶他。

也许追上他很难，也许需要花费一辈子的时间，但她无论如何都想试一试，不管用什么方式。

*012*

那个夏天以后我就迎来了四年的大学生活，而孙丹也开启了炼狱模式。早中晚分别是教室、食堂、宿舍的节奏。

我从初中好友那打听到，谢天奇高考再次平稳发挥，考去了S市。好友和他高中同班，和我说起这事时满脸的愤愤不平："这个杀千刀的，为什么随便考考都能考那么好！我也没瞧见他多用功读书啊！"

"人家的天赋在那，没办法。"我拍拍她的肩，安慰她说。

有些人就是这样，不用太拼命就能轻而易举地得到他想要的东西，而有些人却要花很长的时间和很大的代价才能完成指标，最后还不一定赶得上别人的三分之一。上天就是这么不公平，可是有什么办法呢？

一年以后，高考改革制度放宽，2009届成了幸运儿，很多一年前不能填的大学在政策放宽后都能填报了。那天孙丹一脸高兴地找到我，跟我说她也要去S市了。

我说："恭喜你啊，终于如愿以偿。"

她说其实没能如愿，因为她的梦想是和他上同一所大学。可是她深知自己是个学渣，而他是个学霸。学渣能和学霸在同一个城市上大学就已经是上天莫大的恩典了。

"嗯嗯嗯。"我毫不犹豫地点点头，"上天还是有恻隐之心的呀。"

后来，她依旧是追着他跑。

那年他迷上了菲尼克斯太阳队，她就度娘了球队里的每个球员。他喜欢听金属和摇滚，她就下了一个G的枪炮与玫瑰一个劲儿地听。他喜欢游泳，她不会就去学。他喜欢F1，她不懂就去研究。总之，她的大学三年就是为他而活的。确切地说，从初一开始，她就一直是为他而活的。

## 013

2010年S市召开了世博会，孙丹鼓足勇气约谢天奇一起去，他答应了。然而到了那天，孙丹在太阳底下等了他很久却迟迟不见人影，最后收到消息说他来不了了，叫她玩得开心点。

烈日下，孙丹心里一阵冰凉。她觉得他不来，整个世博会的召开好像都变得毫无意义。她站在原地踌躇了半天，整个人恍恍惚惚的，后来干脆把票卖给了黄牛。

这件事以后没多久，谢天奇就出国了。原来暑假那阵子他一直在忙着办出国手续，刚巧孙丹约他那天他去办签证。

出国前一天，谢天奇打电话给孙丹，告诉她他就要走了。

孙丹傻白甜地问："你要去哪儿？"

"去英国，明天就走。"

孙丹愣了几秒钟，然后哇的一声就哭了。她说："你这人说话怎么不算数啊，当初你答应我的，等我越变越好以后，你就会帮我实现一个愿望。可是你现在要走了，我的愿望永远实现不了了……"

谢天奇不知该说些什么，只是叫她别哭，别哭。可他越是叫她别哭，她哭得就越厉害。

那一刻她突然觉得，自己再也不可能和他在一起了。


014


谢天奇出国的第一年，孙丹拒绝了几个追求者，而我开始不停地考证。

谢天奇出国的第二年，孙丹当上了某银行的客户经理，我也顺利毕业。

谢天奇出国的第三年，孙丹的家人开始给她安排相亲，而我找到了喜欢的工作，业余时间还做起了网络电台主播。

谢天奇出国的第四年，孙丹和陈先生恋爱并宣布婚期，我开始计划出自己的第一本书。

谢天奇出国的第五年，对，就是今年，2015年，孙丹结婚，还有了宝宝。

我突然觉得时间过得好快，眨眼间我们都已不是当年的黄毛丫头和黄毛小子了。

那天我坐在路边的石凳上问孙丹："没能等到他，你觉得可惜吗？"

她问我我说的他是谢天奇吗。我说除了他还能有谁，听说他就快回国了。

孙丹没有立即回答我，过了半晌才缓缓说了一句话。她说："回吧，还是回国好。世界再大，也要回家。"

我说："我一直以为你们最后会在一起，毕竟你那么喜欢他。不是老话总说女追男隔层纱吗？"

"呵呵，我觉得现在应该倒过来，'男追女隔层纱，女追男隔座山'。"孙丹笑笑继续说道，"一开始我是觉得挺可惜的，因为他是第一个让我心动的人。喜欢了他那么久，久到我自己都忘了我追赶了他多少年。后来我算了算，初中三年，高中四年，大学三年，整整十年。我自己都惊叹，原来我可以喜欢一个人十年！那些年为他发疯，最终还是没能等来他的陪伴。但我从不后悔，因为他让我变成了更好的自己。

"其实去年的这个时候，他给我寄来一封信，信封上的大本钟特别好看。我打开信纸的时候，里面掉出了一张照片，当时我都傻了，因为那张照片上的人是我。后来看完信我才知道，原来初一那会儿他帮我捡文具盒的时候，偷偷顺走了一张我的一寸照片……"

"这么说……他也喜欢你啊！"我从石凳上跳了起来。

"谁知道呢。后来我在QQ上问他，他说真正对我有好感是在那次爬窗事件以后。可等我过了一阵子再问他，他又说是中考完的那个暑假……可是这都已经不重要了，我已经有男朋友了。就算他也喜欢过我那又怎么样呢，我们终究还是走岔了路。"

听孙丹说完，我突然有些怅然若失的感觉。

也许这就是人生，它有别于电影，又有和电影相同的地方。不圆满的才是最圆满的。

015

那晚回去以后，我看到孙丹的QQ签名改成了"愿你安好，便是晴天"。我猜她是想带着祝福和过去挥手告别吧。告别那些年青涩的自己，告别那些年青涩的回忆。告别记忆中那个白衣飘飘的少年，告别少女懵懂时做过的那个纯纯的梦。

或许你也曾经暗恋过某个人，因为喜欢，你一路追赶，从没想过未来是否会在一起，可你却一直为他改变着。你希望有朝一日能和他一样发光发亮，即使是在他看不见的地方。

你看他爱看的电影，哼他爱听的歌曲，走他曾走过的路。做了那么多，你甚至都没奢望他能看到，只是想离他近点儿，更近点儿。

后来你跑累了，你觉得你无论怎么拼命都追赶不上他。因为所有他不费吹灰之力能办到的事，你都要花费好长的时间才能做到，而当你做到的时候，他已经不在原地停留。他走了，不带一声招呼地走了，剩你一人站在原地，呆呆地看着他的背影渐行渐远。

许久以后你终于发现，原来你会做那些事情不是为了非要和他在一起，其实是为了自己。在喜欢的人面前，你永远觉得自己不够好，所以你要让自己变好，这样才不会自卑。你盼望有朝一日能和他势均力敌，那样才配得起自己多年的等待。

可亲爱的，有些等待等不来爱情。你有没有想过，从一开始你们就是不同世界的两个人。你为他活得那么累，而他却总能轻而易举地颠覆你之前的所有努力。这就是你们之间的差距，你永远也追赶不上。

016

每个人都曾情窦初开，那些年做过的傻事多年以后再来看其实一点儿也不傻，反而很可爱。因为喜欢上一个人，你奋力地想要变成你想成为的样子，那么努力的你怎么不可爱？

只是有些时候，一些人、一些事出现的时机不对。

相逢不是恨晚便是恨早，唯有在时间的无涯荒野里，没有早一步，也没有晚一步，刚巧碰上，那才是最好的。

有些人或许从一开始就不属于你，他只是你生命中的一盏明灯，为你点亮了某段漆黑的路，让你不再害怕和惶恐，让你能够有勇气去面对失败，迎接挑战。

13岁到15岁，他是你的晴天娃娃。即使是下雨天，只要看到他，你的世界就是晴空万里；

16岁到18岁，他是你的奋斗目标。即使是头悬梁锥刺股，一想到他学习再苦也不会觉得累；

19岁到22岁，他是你的梦中情人。即使你知道你们之间的距离，即使你知道他一直就是夜空里那颗最亮的星，可你仍旧想要靠近他。

那些年她为他做出的改变，多年后成了另一个人喜欢她的理由。她终于可以放慢脚步，不用再拼命追赶。只是，她仍旧想要感谢他。

感谢他的出现惊艳了岁月，感谢他也曾对自己动过心，感谢他让回忆变得丰富，感谢他让她变成了更好的自己。

如果你的生命中也曾出现过这样一个他，记得一定不要忘了感谢他。

# Part 3

# 向来情深，奈何缘浅

时光无涯，聚散有时

每一段相遇都是缘

缘尽了，情断了

就该是离别的时候了

# 长期单身，是因为太爱自己

如果以后真的孤独终老了，赚的钱再多又有什么用？想传承的东西没人继承，想去旅游没人陪，想分享喜怒哀乐身边却没个伴儿。想想，还真的挺没意思的，不是吗？

## 001

情人节那天，我收到一束鲜花。怀着些许小欢喜，我拍了张照片po到了自己的朋友圈。

柠檬跑来点了个赞，随后在下边评论：虐狗。

我敲开她的会话框："这阵子不是有个IT男在追你吗，他没给你送礼物？"

"那不一样。"她迅速回过来一行字，"相亲认识的能有多靠谱？再说，我又不喜欢他。"

"你说我是不是变态了？"柠檬突然问我，"无论谁追我都没有感觉，甚至还会觉得有点厌烦。看到你们一个个的都脱了单，心里又不免觉得失落。明明很想恋爱呀，很想有个男朋友啊，可别人一靠近，我就把他推开了。这到底是怎么了？"

"大概是因为你还没有做好恋爱的准备吧。"我说。

不给别人靠近你的机会，也不给自己去了解他人的机会。你像一只受伤的刺猬，享受着一个人的孤独，却又希冀着会有那样一个能真正走进你内心的人，目睹你的喜悦或哀伤。可你忘了，敞开心扉才能被人看见，否则留给他人的只会是漆黑一片。如果你的内心是排斥对方，那么就算对方挤破了脑袋也是枉然。所以，不是对方不合适，是你压根没动心思。

002

有个男生在微博上跟我吐槽，说他之前谈了个女朋友，两人在一个单位。

他对她体贴入微，天天早晚上下班接送，周末请她吃大餐。可她还是极度缺乏安全感，喜欢捕风捉影。一天不见他就紧张地问东问西，打听他在做什么，跟谁在一起。

那天他跟他朋友出去吃饭，其间女友打了三个电话，就因为手机开了静音没接到，她就和他大吵了一架。

平日里，她还喜欢管教他，不许抽烟，不许喝酒。

有一次他陪领导出去应酬，忙到很晚才回家。他打开房门的一刹那，差点被吓死。

原来，她正披头散发地坐在沙发上等他，脸上明显有哭过的痕迹，眼睛周围的妆都花了。

他刚想解释什么，她就把手边的抱枕朝他扔了过去，边扔边叫他滚。

后来，他们分手了。

男生说：“我跟她谈了三年，同居两年。其实一开始她不是这样的，可后来因为我工作的调动，她变得异常敏感，许多小事就这样被无限放大。分手后，我一直单身到现在。我想我是有阴影了吧，女人实在是太可怕了。”

有个女生给我写过一封长长的信，信中她向我讲述了自己的上一段恋情，虽然乏善可陈，但她却曾经甘之如饴。

前任对她并不好，在很长一段时间里她都觉得是自己的错，所以她加倍对他好，以为爱得毫无保留就会得到他的重视。然而事与愿违，即便她如此敝帚自珍，对方该劈腿的时候还是劈腿了，丝毫没有顾及她的感受。

给我写信那天，是他们分手后的第301天。

她说：“想想从前的我，实在是傻透了。身边朋友都说我笨，付出太多却不被珍惜。到头来，他还是把我给甩了。从今往后，我再也不想对一个人这么好了。有那份精力，不如好好爱自己。”

### 003

受伤之后，我们都变得小心翼翼。大部分人想要被爱，却又渴望自由。

男人不想被管，女人不想被轻视。每个人的心里都暗藏玄机，自然难以殷殷相惜。

大我两岁的表姐说："如果我有一份稳定的工作，有可以养活自己的能力，为什么要恋爱结婚生子？租一套二居室的单身公寓，养一只喜欢的猫咪，假期约上几个朋友逛街、购物、喝喝下午茶，何乐而不为？为什么非要给自己找虐？"

大我四岁的表哥说："我现在这样挺好的啊，一人吃饱，全家不饿。虽然有时候是有些寂寞，但好过被人指手画脚。我就是太清楚自己想要什么了，所以如果对方与我并非绝配，那反而是种累赘。"

面对他们的安之若素，我不禁哑然。究竟是从什么时候起，单身让人上了瘾？又是从什么时候起，爱情变得不值一提？

或许，我们都爱自己胜过爱爱情。

就像《致青春》里的陈孝正，一心想要出人头地，他把他的人生比喻成一栋只能建造一次的楼房，必须让它精确无比，不能有一厘米的差池。所以，为了前程，他放弃了初恋女友郑微。他说他太紧张，怕行差步错。但换个角度讲，这何尝不是一种自私。

长期单身的人，也是如此。他们把爱全都放在自己身上，因为怯弱、自卑或是其他一些什么原因，在爱情面前丢盔弃甲，做了逃兵。于是渐渐地，他们失去了爱人的能力。

004

有过那么一段时间，我与表哥、表姐的想法如出一辙。自认为可以把自己照顾周全，自认为单身的日子里每天都会是艳阳高照。

可当我对生活感到麻木，对情感的输出感到疲累，忽然有一天，发觉这世间的一切都无法撼动自己的内心。我变得不像自己，也知道长久以来不是真正的快乐。冥冥之中，总感觉缺少了些什么。

本以为单身只要做到自给自足就好，可当身边的朋友陆陆续续都因为各自的家庭离我而去时，我才发现，原来我是一个如此渴望陪伴的人。而陪伴，是自己给不了自己的。

如果人生的终点是孤独，是孑然一身，那么，这样的晚景未免有些凄凉了点。而这样的凄凉，难道不是对自私的一种报复吗？

后来的后来，我尝试着敞开心扉，尝试着颤动久未飞翔的翅膀，试图挣脱出捆绑自己多年的枷锁。带着满心欢喜，迎来了生命中的另一半，心里的坚冰也一点一点地融化。在这个过程里，我学会了与往昔挥手告别，学会了与自己握手言和，学会了怎样去爱一个人。

爱一个人，就是接纳另一个世界，就是将你的爱分给他一半，是包容，也是分享。

长期单身，会将你的世界变得局促，会让你变得狭隘。你只会变得愈发自私，最后陷入无穷无尽的寂寥中。

所以，还是趁早断了那样的念想吧，别让自己变成一个爱无能的人。

比起孤独终老，爱无能才是最可怕的。

我困惑过很久，人为什么要恋爱，为什么要结婚。曾经也想过不生儿育女，自己一个人过，觉得那样会很潇洒，舒舒服服的谁也管不着。但其实，那真的很自私。因为只想自己过得好，全然不顾身边人的感受。爸妈希望看到自己能成个家，有个好归宿，儿女成双。可自己却只想自己过得舒坦。这何尝不是一种狭隘。

前几天去亲戚家吃饭，趁姨公在厨房忙活的间隙，姨婆看着他的背影说："年轻的时候我们两口子老是吵架，他那暴脾气老把我惹哭。可现在年纪大了以后发现，老来有个伴儿其实挺好的，因为不会觉得生活无趣，不用每天盯着天花板发呆不知该干些什么。有时候他不跟我吵嘴，我还觉得不习惯了呢。"她边说边朝着我们笑，那一瞬间，我似乎明白了恋爱与结婚的意义。

人这一辈子，千万不要只为自己活。膝下有儿女，才是一种别样的幸福。

如果当初爸妈也有这样的思想，自己又怎么会横空出世呢？

所以，如果以后真的孤独终老了，赚的钱再多又有什么用？想传承的东西没人继承，想去旅游没人陪，想分享喜怒哀乐身边却没个伴儿。想想，还真的挺没意思的，不是吗？

愿每一个你都能找到那个愿意和你吵嘴的人。

愿你能敞开心扉，早日结束单身的日子。

# 分手后请别再与前任联系

张小娴说:"曾经相遇,好过从未碰头。"

苏格拉底说:"世间最珍贵的不是'得不到'和'已失去',而是现在能把握的幸福。"

我说,前任是用来怀念的,不是用来纠缠的。同样地,旧情也是用来怀念的,不是用来糟蹋的。与其陷在泥淖中无法自拔,不如釜底抽薪,给自己来招狠的。

## 001

有个男生在微信后台给我留言，说他女友背着他和前任联系，言语暧昧，感觉她就快越轨。他让她删了前任的电话号码和微信，她不肯。

"我和他现在只是普通朋友而已，你那么小心眼干吗？"

"普通朋友？普通朋友会隔三岔五地约你出去吃饭、K歌？普通朋友会对你宝宝、宝宝地叫？你当我眼瞎？"

"随你怎么想。"

男生百般无奈，便来向我寻求帮助。他问了我三个问题：

1.分手后还能做朋友吗？

2.我女友这样的行为我该原谅吗？

3.到底是不是我小心眼？

都说女人有第六感，其实男人也有。当一件事超出了男人的可控范围时，男人也会感到局促不安。这是一种源于本能的直觉和判断。

男生有个问题问得非常好，他说分手后还能不能做朋友？

回望娱乐圈，分手后以朋友相称的明星不在少数。王菲和李亚鹏、小S和黄子佼……娱乐圈终究是个鱼龙混杂的圈子，各路明星抬头不见低头见。与其撕破脸，不如对外宣称彼此仍是好朋友。比起反目成仇，和平分手是再好不过的结局了。

可我们不是明星。明星能为了业界口碑与前任貌合神离，但身为凡人的我们却无法如此超凡脱俗。

如果你让我以个人的立场回答这个问题的话，我会回答两个字：不能！

## 002

朋友小刘是个程序员，还是个死宅男。一年前的今天，小刘与现女友小罗在一起了，两人感情进展得挺顺利。本来打算今年年底结婚，可谁料想，婚还没结，感情就先破裂了。

事情是这样的：小刘在大学里谈过一个女朋友，性格泼辣，是个川妹子。毕业的时候，因为地域、家庭等一系列的因素，两人被迫分了手。

他们都是对方的初恋。怎么说呢，毕竟爱过，毕竟轰轰烈烈过，最后却没能修成正果，这在小刘的心里始终是件憾事。所以，就算分手之后有了新恋情，小刘也没有删除前任的联系方式。逢年过节他还会给她发点祝福短信，她偶尔也会有所回应。一来二去，互吐衷肠便成了他们之间的一种默契。

但显然，这样的心照不宣是不被女友所允许的。小罗很快就察觉到了男友的异样，她动之以情，晓之以理，仍然不能说服小刘断了与前任的联系。一怒之下，小罗向小刘提出了分手。小刘慌了，跑来问我怎么办。我笑笑说："前任和现任，你只能选一个。如果非要让你做出选择，你会选谁？"

小刘支支吾吾了半天，怨声载道地说："这题太难了，我不会做。实在是太难了。"

我说不是这题太难，是你想要的太多。一方面，你想在前任那里获取温存；另一方面，你又希望现任能包容你、体谅你。好处都被你给占了，你有替她们考虑过吗？

小刘满面愁容："可是我也没做什么呀，我和前任保持联系是因为我觉得有愧于她。要不是当初家里不同意，我们也不至于会走到分手那一步。对她，我于心不忍，所以还留着她的电话号码。"

"那你对现任就于心可忍了？"我说，"不管你们是出于什么原因分手，分了就是分了。不要拿愧疚当暧昧的挡箭牌，也不要把意志的不坚定当作是感情专一。你既不能对前任负责，又不能给现任安稳，最后注定两头不到岸。"

003

有个学弟在微信上向我吐槽，说自己的女朋友把前任当男闺密，什么事都跟他说。打电话从来不当着他的面，都是私下里偷偷打。原本他并没有把这当回事，他想信任她，想给她自由。直到有一天，他在她和前任的聊天记录里看到了他亲她的照片，他才幡然醒悟，原来男闺密从来没把她真当闺密，只是打着这样的幌子插足他和她的恋情之中。而他的女友呢，立场不明，竟然希望男闺密与他能成为朋友。

学弟哭笑不得，说："你不要仗着我喜欢你，就一而再，再而三地挑战我的极限，我也是有尊严的。"女友终于当着他的面把前任的联系方式都删了。可好景不长，没过多久，他俩又联系上了，还背着学弟去外面过了夜。这可把学弟给气坏了，二话不说把她拖了黑。

分手后，学弟消沉了一段时间，体重也从原先的140斤瘦到了120斤。在他最痛苦、最抑郁的时候，遇到了现在的女友安安——一个短发齐眉、笑起来嘴角有两个小酒窝的女孩。她像一缕春风，吹散了他心头的雾霾，又像一束阳光，照亮了他的整个世界。没过多久，他就痊愈了。可正当他想开始自己新的生活时，前女友辗转找到了他。

她约他见面，跟他哭诉自己的遭遇。她说她和他分手后是跟男闺密在一起了，但相处了不到半年就分了，因为男闺蜜脾气暴戾，只是想要得到她，不是真的爱她。她说她这些年过得一点都不好，每年生日时都会想起他。她说她最喜欢的还是他。她说，她忘不了他。

学弟看着她那张天真无邪的脸，一字一顿地说："不好意思，我有女朋友了。"

"哦……"她略微有些失望，但转瞬又喜笑颜开，"没关系，我们还是可以做朋友的嘛。"

"呵呵，还是不要了吧。"


学弟说，他想做个决绝的人，不想拖泥带水，更不想欲拒还迎。

"我知道，她是在刷存在感，不想让我忘了她。她觉得她于我而言是个特殊的角色，她认为她在我心里仍独占一席。可她错了，我和她并非同类人。我不想终日纠缠于这些纷纷扰扰，我只想对我的现任负责。"

004


有时候真相就是这般血淋淋。

那些所谓的"哥哥""姐姐""弟弟""妹妹"，还有所谓的"男闺蜜""女闺蜜"，哪个不是沾染着对异性的幻想而被强行塑造出来的关系？这些略带暧昧的称谓散发着浓浓的荷尔蒙气息，给所有享受其中的人提供了便利。

而分手后还以朋友自居的前任们，你们真的只是想做普通朋友吗？

当你在和前任谈天说地的时候，你的现任正在为你煲汤，或正在为生计奔波。当你打着朋友的旗号去探索前任的世界的时候，你的目的是什么？你确定不是把前任当成暧昧对象，然后时不时地借故重提旧事，用来缅怀你们荡气回肠的爱情？

或许你会拍着胸脯说："对，我就是想和他（她）做普通朋友。"好，那请问你真的能够做到肉体与精神上的绝对纯洁吗？倘若答案是否定的，那就请你别再与前任联系。

有句话说得好，分手后不能做朋友，因为彼此伤害过。分手后也不能做敌人，因为彼此深爱过。唯有成为陌生人，才再好不过。


那些分手了还希望做朋友的人，要么就是没有深爱过对方，要么就是放不下，想通过零零碎碎的联系去产生交集，给自己的未来创造出一种可能性，一种"我还能和你在一起"的可能性。

可是，分了就是分了。就算名义上做了朋友那又怎样呢？时间无法倒退，更加回不到那段青葱朦胧的岁月了。

你以为今日站在你面前的人笑容宛然如昨，殊不知，在爱与恨的仓皇中，你们终究还是走散了。

你以为只要和前任保持着联系就能弥补心中所有的缺憾吗？其实你反而会更难过。

看到他/她过得好，你会黯然神伤，责备自己从前为何没有好好珍惜。看到他/她过得不好，你会心疼，想要上前扶他/她一把。可到最后，你会发现，自己已经没了伸手的资格。

张小娴说："曾经相遇，好过从未碰头。"

苏格拉底说："时间最珍贵的不是'得不到'和'已失去'，而是现在能把握的幸福。"

我说，前任是用来怀念的，不是用来纠缠的。同样地，旧情也是用来怀念的，不是用来糟蹋的。与其陷在泥淖中无法自拔，不如釜底抽薪，给自己来招狠的。

跟过去好好说再见吧，别再打搅各自的生活。送对方一句祝福，放彼此一条生路。这，才是一个合格的前任应该去做的事。

## 喜欢才会放肆，但爱却是克制

如果有一天，你学会了爱，你会收起自己的锋芒，会克制自己的脾气，甚至会默默地、别无所求地爱着他。爱那些琐碎的细节，爱跟他在一起的默契，爱他带给你的安稳和不尴尬的沉默。你清楚地知道，这些都将是你的小欢喜。你小心翼翼地藏着，生怕被自己弄丢。你学会克制不再放肆，不过是因为，你懂得了珍惜。

### 001

　　半夜渴醒，起来找水喝。刚走到厨房门口，我就听到了楼下一对情侣吵架的声音。

　　有什么事不能明天再说吗，非要挑这大半夜的。我边打哈欠边想。迷迷糊糊中，听到女人扯着尖锐的嗓门喊："谁让你和她见面了，我允许了吗？"

　　男人似乎有些不以为然："她是我朋友，请我吃顿饭。有错吗？小题大做。"

　　"我小题大做？"女人显然是被惹怒了，"你别以为我不知道你背着我做了什么见不得人的事！"

　　"呵呵。"男人冷笑了一声，"那你今天就把话说清楚，我到底做了什么见不得人的事！"

男人的声音忽然提高了好几分贝。

"你和她在微信上聊得有多暧昧我都看见了。"女人斩钉截铁地说，"你怎么这么不要脸？！"

"我没法跟你沟通。"男人转身要走，"你一个人闹吧，我要回家睡觉了。"

女人二话没说，追上去就把男人的手机给夺了过来。

男人暴跳如雷："你不把手机还给我试试！"

女人丝毫不肯败下阵来，声称如若男人不与除她以外的异性断绝联系，她就砸了他的手机。

男人听完直接气炸了，他一边大骂女人有病，一边上前抢手机。女人一怒之下竟真把男人的手机往地上扔，男人冲上去就把女人用力一推："你疯了吧！"

女人哭了，断断续续的抽噎声划破了深夜里的宁静。终于，有人开窗吼了一句："能不能别吵了！都几点了？"男人这才拉着哭哭啼啼的女人离开。

我喝了口水，突然觉得有些哭笑不得。

情侣之间真的有必要兵戎相见吗？好好的一对恋人怎么就成了仇人了？

这件事让我不得不想起几个月前邻居家发生的那起意外。

男孩趁节假日把女友带回家见父母，不知为何发生了争执，女孩当场摔门而去。男孩紧跟其后，不知不觉就追到了马路上。女孩想让男孩认个错，男孩却认为女孩有错在先，死活不肯低头。女孩一赌气，拔腿就往马路中间跑。男孩顿时慌了神，一个劲地在后面追。电光石火之间，车祸发生了。男孩被一辆急速开来的轿车撞飞，现场惨不忍睹。

年仅21岁的男孩，他的青春还未绽放开来，却因为一场无理取闹的争吵而永远告别了这个世界。

那天我下班回家，远远地看见男孩他妈倚在门口抹眼泪。她的双眼已经红肿，嗓子完全发不出声，整个人处于崩溃边缘，连眼神都变得空洞无力。楼道口花圈无数，天空中飘起了雨丝，一点一滴地落在沉痛悼念的挽联上，无不在诉说着惋惜与悲伤。我扫了一眼参加吊唁的人群，看到了那个女孩。她身着一袭黑衣站在队伍的最前端，泣不成声。我原本以为女孩会成为众矢之的，可现场除了哀乐与呜咽外，尽是尴尬与沉默。男孩的父母什么也没说，只是呆呆地看着儿子的遗像。我想，他们大概是哭累了吧。

男孩的横死看似是个意外，可意外的背后又何尝不是一场人祸。原本相爱的两个人，最后因为一些鸡毛蒜皮的事成了人鬼殊途，想想都觉得可悲。如果当初女孩能够不要性子摔门而出，不赌气往马路中央跑，也许男孩就不会出事。可世上没有也许，更没有如果。

## 002

去年夏天，我和闺密相约去看韩寒的《后会无期》，结果没抢到首映。闺密略带强迫症，她说既然看不了首映，那就等网络首播吧。我说好啊，反正听说这部片子很有深度，就我们这智商估计看一遍根本没法懂。结果不出所料，我在网上看完第一遍愣是没搞懂这部电影到底想要表达什么。不过，当时有句台词我倒是记得很清楚，就是袁泉倚在门边幽幽地说出的那句"喜欢就会放肆，但爱就是克制"。

我思前想后琢磨了半天也没弄明白这句台词的真正含义，直到后来在报纸上看到了一则感人肺腑的故事，我才彻底读懂了这句话。

故事的主人公是一对年近花甲的老人。

老大爷得了肺癌，晚期。医院给老太太下了病危通知书，老太太心如刀绞，忍不住坐在病床边偷偷掉眼泪。老大爷看见了就叫她别伤心，他说："人都有一死，迟早的事。我希望你以后每天都开开心心的，而不是像现在这样郁郁寡欢。"

老太太听完，心里更难受了。她说："老头子，我对不住你。当年我的初恋男友回来找我，说他还爱我，想带我走，于是我就准备回家收拾行李。结果，刚一进门就看见你在厨房给我熬汤。你对我说：'这段时间，你精神不好，我给你补补身子。'回到卧室我就哭了，当时就决定，再也不离开你了。"

老大爷捏了捏老太太的手说："老伴儿啊，别自责了。其实这件事我早就知道了，我还偷看了你俩的信件。"

老太太一脸诧异，老大爷笑笑继续说道："那汤，是我知道你要走，所以想着给你熬最后一次，喝完你再走。你不吃饭不行，你晕车厉害。"

老太太听完，泪流满面，她大概没想到老头子会如此。她抱着老头子不停地说："我这辈子做得最对的一件事就是没有离开你，老头子。我知道，你才是最爱我的。"

这个故事很好地诠释了喜欢与爱的区别：喜欢才会放肆，但爱却是克制。如果把人比作花，喜欢，你会摘下它，而爱则是浇灌它。如同故事中的老人一样，即便知道自己爱着的人就要离开，却仍旧可以做到不动声色，甚至为她熬制最后一碗暖心的汤，处处替她着想，这才是真爱啊。而如今，有多少人有如此广阔的胸襟，有多少人能够如此善良，又有多少人是真的在爱呢？

其实和爱相比，喜欢来得更浅薄一些。在你不够爱的时候，你对那个人就只是喜欢，称不上爱。不要随随便便把喜欢上升到爱。

### 003

当你事事都只为自己考虑的时候；当你知道自己被偏爱而有恃无恐的时候；当你一次次地闹腾，对方却一次次选择原谅的时候；当你享受着别人对你的好，自己却觉得理所当然的时候；当你觉得自己拿捏得住对方，不再考虑他的感受的时候，你已经成为一个自私的人，你又怎么好意思整天把爱这个词挂在嘴边呢？

我们时常羡慕能够白头偕老的人，并渴望自己也有一段这样的恋情。但在憧憬之余，我们却又太在乎自己的感受，动不动就与最亲密的人发生口角，用最锋利的语言铸一把匕首，不刺伤对方决不罢休。

谁都没想过，那些曾经脱口而出的尖酸刻薄，早已在对方的心上划了一刀又一刀，刀刀致命。多少人旧伤未好，新伤再添。如此周而复始，伤疤一而再，再而三地流血化脓、结痂生疮。最后的最后，心上便破了个洞，再想愈合就难了。

当然，我相信绝大多数情侣吵架并不是因为心中无爱，而是因为缺乏耐心与容忍。发生分歧以后，第一时间想到的不是面对面坐下来好好沟通，而是采取质问、冷战、作死的方式去表达自己内心的真实想法。

明明心里想说的是：我很在乎你。

嘴上说的却是：我不想看见你。

明明不希望他和异性有过多的接触，却嘴硬说：你走啊，去和她在一起啊！

明明生气是因为吃醋，可偏偏不愿意承认，非要摆出一副强势的面孔，大义凛然地灭对方威风。

回头想想，那些争吵真的有必要吗？如果你们真心相爱，就应该多站在对方的角度上思考问题，而不是总依着自己把任性当个性。

男人不要总说女人无理取闹，如果你能给女人足够的安全感，她就不会想方设法地去掌控你，黏着你。女人也不要整天多愁善感，如果一个男人真的爱你，你能感受到他的温暖。如若感受不到，那就请你学会独立。

好的恋情永远都不是靠大吵大闹、大动干戈得来的，而是靠真诚相处、用心沟通慢慢经营起来的。

如果有一天，你学会了爱，你会收起自己的锋芒，会克制自己的脾气，甚至会默默地、别无所求地爱着他。爱那些琐碎的细节，爱跟他在一起的默契，爱他带给你的安稳和不尴尬的沉默。你清楚地知道，这些都将是你的小欢喜。你小心翼翼地藏着，生怕被自己弄丢。

你学会了克制，不再放肆，不过是因为，你懂得了珍惜。

## 残忍地拒绝，才是最大的温柔

暧昧让人受尽委屈，也让真正爱着你的人百般煎熬。如果你不能对对方负责，就请你残忍地拒绝他/她。不要拖泥带水，不要暧昧不清。要知道，这年头没有谁的青春耗得起。

## 001

《我可能不会爱你》热播的时候，草莓在家哭得凄惨。

她说："你们都觉得这部片子温暖又治愈吗？为什么只有我觉得残忍又无情？"

我说："为什么呀？结局很温馨，很美好啊。"

草莓"哇"的一声就哭了。

我整个人彻底蒙圈儿。

我说："草莓你怎么了？你别吓我，我哪句话说错了？"

她还是一个劲地哭。

我这人最招架不住的就是女生哭了，听到那哭声，感觉整颗心都碎了一地。

我说："行，如果哭能让你觉得好受一点的话，你就哭吧。放开了哭，不用告诉我为什么。"

她还真就在我面前哭了三分钟。

蓦地，她边哭边说："李大仁不要我了。无论我对他多好，他都不要我了。因为我是Maggie，不是程又青。"

她说："你知道吗，我最难过的不是从来都没有得到过。我最难过的是，我得到过，但却从未走进过他的内心。"

002

草莓喜欢的那个人，有一个很好很好的女性朋友。

他们从小一起长大，青梅竹马。他们一起上过小学，一起上过初中，一起上过高中，直到大学，两人才真正分开。

他们一直以"好朋友"相称。

他是她的男闺密，她是他的女闺密。

真的就跟电视剧里演的一模一样。

他其实暗恋了她很多年，只是因为后来到了大学，她有男朋友了，所以他才选择不说。原本他决定将这份感情永久地埋藏在心底，可大三的时候，她男友劈腿，她在电话里哭得撕心裂肺，于是他坐了四个小时的火车赶去她的大学看她。

那个时候，他的女友是草莓。

草莓其实很介意他的这位女闺密。她曾跟他提过，能不能和程又青划清界限，能不能别那么在意，能不能从此之后别再联系。可他只是默默地低下头，什么话也没说。

她是生气的，又是无奈的。因为她爱他。

她唯有跟自己说：草莓，你要大度。不就是一个他最好的女性朋友吗？没事儿。你要相信，他们之间没什么。对，没什么。什么都没有。

她说每次想起他跟她，就会觉得胸口闷闷的。

她说第六感告诉她，她在自欺欺人。

*003*

不知从什么时候起，他不再对她嘘寒问暖，打他电话也总是占线中。一起吃饭时，他总是一副心事重重、心不在焉的样子。

女人都是敏感的，草莓也不例外。她很快就从他身上查到了蛛丝马迹。

她跑去质问他，他回避。她开始控制不了自己的情绪，在他面前歇斯底里。

她说："为什么？为什么要这样对我？我对你不够好吗？我把全部都给了你，你为什么不能好好爱我？"

他仍旧低着头，像个做错了事儿的孩子。

她咆哮着对他说："如果不爱，当初为什么选择和我在一起？如果不爱，你为什么不残忍地拒绝我？"

草莓和我讲述这件事情的时候嗓音是嘶哑的。

她说剧里的Maggie像极了她。

她说他们分手那一集，她看一遍哭一遍。

她说Maggie后来对程又青说的那段话是她一直以来想说的。

Maggie说："我最讨厌你这种人了，心安理得地用'我们是好朋友'这种借口掩饰你们的不轨之心，让我们做你们的垫背，去证明你们彼此有多适合、多有默契、多特别！然后呢，如果我们吃醋、我们嫉妒，那就是我们不够包容、我们小心眼、我们肤浅，不懂得尊重你们崇高的友谊。根本都是放屁！"

004

我有个朋友曾经做过两年的备胎，我们都说她傻，可她却说她甘愿。

她遇见他的时候，他刚失恋。

他拉她去吃烤串儿，要了八瓶啤酒，结果喝了四瓶就醉了。

他跟她讲起很多他和前任的故事，他说因为种种原因，他们没能在一起。

他说他们曾经多么多么好，好到就快结婚了。

讲到动情之处，他偷偷抹起了眼泪。

她忍不住上前抱了抱他，拍着他的后背说了许多安慰他的话。

那晚之后，他和她之间莫名地多了一种默契。

他有事没事就在社交软件上找她聊天，有事没事就约她出去吃饭，有事没事就发条好玩的短信挑逗一下她。

她以为，爱情来了。他这是在追她。

于是后来，她开始频繁地进出他的住所。她帮他洗衣、做饭、整理房间。

她告诉我们说，她恋爱了，她想跟他在一起。

可事实上呢？他从未对外公开过自己的恋情，也从未承认过她是他的女朋友。

他就那样心安理得地享受着她对他的好，享受着她对他全心全意的付出，没有一丝一毫的愧疚。

我朋友直到现在才明白，她是被利用了。

他哪有爱过她？哪有想要追她？

他不过是受不了空窗期带给他的空虚、寂寞、冷，所以才给自己找了个备胎，以填补他内心深处的空洞感。

## 005

想起之前有个小粉丝给我发邮件，说她的相亲对象原来背着她和好多异性在聊天，问我该怎么办。当时我就回了她一句，我说："姑娘，你是被备胎了呀。"

我想你应该遇到过这种情况。

比如说，出去相了一次亲，你觉得对方人不错，对方对你的印象分也挺高，于是你们互相留了联系方式，偶尔也会有一搭没一搭地聊个天，可你总觉得对方不是很走心。你觉得谈恋爱不应该是这个样子，不应该这么敷衍，这么机械，这么模式化。

他从来不对你说：我想你了。

他从来不对你说：宝贝，早点睡，别累坏了身子。

他只会在无聊的时候给你发条微信，问你在干什么，聊了几句又没声了。

又或者，他只在闲得发慌的时候问你：这个周末有空吗？有空就出来吃个饭呗，一个人在家多没劲。

你一定觉得这样的人如同鸡肋，食之无味，弃之可惜。但碍于家长与媒人的面子，你没有马上拒绝。你心想，留着观望一下也好，说不定哪天聊着聊着就聊到一块儿了呢？

你就是这么安慰自己的。

但其实，你们已经互相沦为了对方的备胎。

你们根本没有交心，你不知道他每天不跟你联系的时候在干吗，也不知道他跟你联系的时候是不是还同时跟好几个人在聊天。

所谓投石问路，大概就是如此吧。

如果你们互相对对方不感兴趣的话，那也就罢了。可怕的是，一旦你爱上了他，并且，这个人是个情场老手，或者说，他的目的根本就不是恋爱结婚，那么，最后的结局就会是惨烈的、悲壮的。

作为备胎的你，注定要遍体鳞伤。

《奇葩说》里的某位参赛选手曾经说过,男人是不懂拒绝的。

我不知道是不是所有男人都是如此,我也不知道是不是只有男人是不懂拒绝的。

我唯一想说的是,作为一个对感情负责任的人来说,残忍的拒绝,才是最大的温柔。

心里明明一直住着一个人,心里明明小到只够放下那个人,为什么还要去接受别人的好,并且口口声声说不关你的事,是她自己投怀送抱?

你明明刚失恋,明明还没有完全放下,明明还没做好开始下一段恋情的准备,你为什么要去勾搭人家小姑娘,招惹她,调戏她,让她爱上你?就为了把她当作你的疗伤工具吗?你不觉得你很无耻吗?

你明明不打算结婚,明明觉得自己还想再单身几年,明明是为了应付家长,你为什么还要假装喜欢人家,勉强去开始一段你本不想开始的恋情?

哦不对,都没走心,只是走肾,不能叫恋情。

如果拒绝能避免伤害,拒绝能避免更多的人因恋爱失败而留下阴影,那么,可不可以残忍一点呢?

残忍地拒绝一个你不喜欢的人对你的好,残忍地拒绝一个你并不是很喜欢的人,残忍地拒绝一切暧昧不清的关系。

你要清楚地意识到,有时候你以为一时的心软是一种温暖,是一种温柔，但对那些真心实意想要跟你在一起而你却给不了他们真正想要的安全感的人来说，不懂拒绝，就等同于一杯毒酒。

你是在杀人啊。

你知道你的这杯毒酒害死了多少人吗？

那些被你害死的，都是愿意相信你的人。

## 007

我希望从今往后你能学会拒绝，别再做一碗温吞水，以为就你能够暖别人。

不喜欢他就别给他希望。

不能对她负责，就别轻易碰她。

对暧昧说不，对纠缠say no。

别优柔寡断，别犹豫不决。

要知道，你的每一次举棋不定都有可能伤害更多的人。

我不希望听到你在伤了别人一次又一次之后还冠冕堂皇地说对不起。

如果对不起有用，那要警察做什么？

不是每一句"对不起"都能换来一句"没关系"。

请你好自为之。

## 想要遇见对的人，就要改掉错的自己

想要遇见对的人，就要朝着那个对的方向去改变自身。充实自己，丰富自己。理清思路，过滤掉那些错误的选项，排除万难，然后以最好的姿态去迎接那个人。而不是继续执迷不悟，兜兜转转，故步自封。

## 001

我曾收到过许多人来信，跟我诉说生活上或者感情上的烦恼，大多是为情所困，蓝婷就是其中之一。她是为数不多的因为写信给我而与我成为朋友的读者。

她说她谈过三次恋爱，可仍旧不懂应该怎样去爱一个人。

第一次恋爱，是在高一。

男生姓周，痞痞的，是那种长相帅气但不用功读书的类型。

"他其实很聪明，头脑很灵活，但他就是吊儿郎当的，不肯静下心来学习。"蓝婷说，"我不知道自己到底喜欢他哪里，反正就是喜欢他。"

年轻时喜欢一个人，哪分什么对错，哪有那么多道理。喜欢了，就是喜欢了。单纯、直接、冲动，不计较后果。

蓝婷和小周在一起后，成绩下滑严重。她每天思考的不是这道题会不会做，那篇课文背诵了没，而是小周今天有没有对其他女生笑，有没有到处留情。

因为颜值高，小周走到哪儿都会吸睛无数。很快，他就开始对蓝婷冷淡起来。高二下半学期，他向她提出了分手，他说他对她已经完全没有了当初的感觉。

蓝婷为此难过了整整一个学期。直到后来看到小周搂着另一个女孩的肩膀走在学校操场上时，她才顿悟，也许他从来就没有喜欢过她。他想要的，只不过是一时的新鲜感。

002

第二次恋爱，是在大二。

他们相识于一场辩论赛，他是正方一辩，她是反方二辩。

彼时，她反应敏捷、咄咄逼人，很快就揪出了他的漏洞。他在台上不甘示弱，心里却早已被她惊为天人的口才折服。赛后，他鼓起勇气向她要了电话号码。

此后便一发不可收拾。

两人从诗词歌赋聊到人生哲学，又从人生哲学聊到天文地理。没过多久，就正式在一起了。

前三个月，如胶似漆。半年以后，开始有一些小碰撞、小摩擦。

一年以后，渐渐发展到三天一小吵，半月一大吵。

蓝婷说："每次我们吵架都像在开辩论赛。他试图用他的观点说服我，但我真心不想认同。他看我不听他的，就觉得我是不给他面子，说我跟他对着干，说我不爱他。于是原来的问题就会延伸出好多个新问题，成为新的争吵点。"

大三下学期，他们分手了。蓝婷提的。

他不肯，不依不饶地缠着她。一开始还只是电话、短信轰炸，到最后演变成了讽刺、谩骂。

他说："你有什么了不起的？高高在上一副不食人间烟火的样子，以为自己是小龙女啊？

"你说你眼里揉不进沙子，我想说我也不会一味忍让！

"该提出分手的人是我！因为我早就已经受够了！"

蓝婷问我她是不是爱错了人，我说："爱着的时候，谁又会知道对与错呢？"

003

第三次恋爱，是在两年前。

彼时，她陪发小去相亲。结果相着相着，对方竟看上了自己。

在发小的怂恿下，她和那个看上去笨笨的程序员在一起了。

这段感情让她觉得安稳，但总觉得缺少了些什么。

她对他没有心跳的感觉，没有争吵的冲动，甚至没有亲吻的欲望。

她嫌他太安静了。

"原先，我希望有个人能别跟我闹，别跟我吵，什么都听我的。现在这样的人真的出现了，我却丝毫爱不起来。"

后来，他们和平分手了。

再后来，她就一直单身到现在。

"你说，我是不是运气特差，然后又挑？"

"显然不是。"我说，"你只是从来都没想过自己要的究竟是什么。"

## 004

蓝婷的经历，让我想到了绝大多数人的生活现状：浑浑噩噩。

因为浑浑噩噩，所以不知道自己想要什么。因为不知道自己想要什么，所以不知不觉就被"剩下"了。

我问过蓝婷，我说既然你已经谈了三次恋爱，那么你有没有好好总结反思过恋爱失败的原因？有没有想过自己到底适合与什么样的男生交往？有没有接触过这样的男生？你尝试过去了解自己吗？你罗列过对另一半的需求吗？如果未来与心爱的人再次发生争执，你会选择什么样的方式去化解矛盾？你希望情侣间的相处模式是什么样的？希望对方强势一点还是弱势一点？

蓝婷被我问得一愣一愣的。她说这些问题她从来都没想过，太复杂了。

我说问题就出在这里，你对什么都抱着一种顺其自然的想法，自然会把自己给顺丢了。

许多女生和蓝婷一样，谈过几场不好不坏的恋爱，内心迷茫而焦灼，但却始终不知道该怎么办。唯有唱着刘若英的《一辈子的孤单》，边哀怨，边惆怅，想着那个对的人怎么还不出现呢？

事实上，对的人不是等来的，因为没有人会站在原地等你。你需要清楚地了解自己，想清楚你究竟想要跟一个什么样的人过一生。

005

什么是合适？我认为的合适是思想上的合适，身体上的合适，还有相处上的合适。

思想上的合适统称三观合适，也就是你们的世界观、价值观、人生观是否能够发生重叠，是否有着共同的认知。

我觉得这是最重要的一点。

比如说，你觉得年轻的时候应该多赚点钱，靠自己的双手去踏实地工作、奋斗，这对你来说是一件特别有意义的事情。但对方却认为，趁年轻应该多出去走走，看看外面的世界，而不是一味地埋头苦干，那样太枯燥乏味。

这就是价值观的不同。

比如说，你的理想是在家做全职太太，但对方却希望你能在事业上对他给予帮助。又或者说，你有个人目标想要实现，但对方却只想每天窝在家里看电影、打游戏。

这就是人生观的不同。

再比如说，你有储蓄的习惯，平时花钱小心翼翼，能省则省。但对方却是个月光族，从来没有储蓄的概念，花钱大手大脚。

这就是消费观的不同。

总之，观念上的差异会直接影响到你们的交流与相处。

## 006

有时候我们感觉自己喜欢上了一个人，往往是荷尔蒙传递给我们的错觉。在接触到那个人的第一时间，我们通过外表、气味来判断自己的喜好，以为不讨厌便是喜欢。但其实，真真切切地接触以后，我们才对那个人进行了初步了解。而在这个过程当中，你会慢慢发现一些从前不知道的秘密。那些原本就有的缺点会被不断放大，让你措手不及。这个时候，如果你能欣然接受，那么说明你是真的喜欢他/她，反之，你可能只是喜欢上了自己杜撰出来的假象。

许多人在开始一段恋情前并不知道自己想要找一个什么样的人来交往，更加不清楚自己适合跟什么样的人交往。

只不过是觉得感觉来了，激情来了，想恋爱了，于是就一头扎了进去。

的确，爱情会使人冲动，它就是个没有道理的东西。但是亲爱的，你已经不小了。如果此时此刻，你还只是一个十八九岁的少女，那么我不会阻止你去体验人生、享受恋爱。可如果你已过了花信年华，那么，作为一个女孩子，你觉得你还有多少时间能够被浪费的？

你真的应该迅速成长起来了啊。

想要遇见什么样的人，就要变成什么样的人。同样地，想要遇见对的人，就要改掉错的自己。

比如说，你想嫁给高富帅，那你首先要让自己变成白富美啊。也许你会幻想说，会有那样一个男人，身披金甲，脚踏七彩祥云来娶你。可是，你得让自己变成紫霞仙子啊。紫霞仙子都没等到这样的人，你觉得你会等到？不要再做梦啦，那些丧尽天良的爱情神话只是神话，只是古老又美丽的传说。不要太有代入感，把自己想象成童话故事里的灰姑娘。

我希望你能摆正心态，从现在开始改变自己。

做一个有梦想、有追求的人，规划好自己的人生。多体验、多尝试，给自己开阔眼界的机会；学会思考和总结，经常问问自己，现阶段想要的是什么？有没有进步？有没有收获？不要只是原地踏步；专注而努力地投入到自己擅长的领域中，找一件自己喜欢做的事，丰富自己的业余生活，不要只是逛街、看韩剧、刷淘宝，这样是不会有未来的。

那么接下来你肯定会问：做到这些就能找到那个对的人了吗？

显然不是。刚才上面说了，对的人不是等来的。现在我再补充一句：有些时候，对的人是要靠自己去争取的。

前两天我写了那篇《多少爱，输给了自卑》，好多人跑来跟我说："啊，宿雨，我在自己喜欢的人面前好没自信。我觉得我从头到脚都没有闪光点，我觉得我好失败、好懊恼、好难过。"

其实我想说，你之所以会感到自卑，是因为你一直没有让自己进步。为什么那些成功人士都自带光环？你以为他们生来就这般光彩照人、艳丽多姿？因为他们懂得改造自己，懂得经营人生，所以才能做他们想做的事，遇见他们想遇见的人。

那些废掉自己双脚不愿前行的人不值得同情，哪怕再可怜、再悲壮也不值得同情，真的。因为他不肯为跻身更好的阶层而努力，谁帮得了他呢？

想要遇见对的人，就要朝着那个对的方向去改变自身、充实自己、丰富自己。理清思路，过滤掉那些错误的选项，排除万难，然后以最好的姿态去迎接那个人。而不是继续执迷不悟，兜兜转转，故步自封。

人这一生，会遇见很多人。他们来去匆匆，悄无声息，但似乎每一个人的到来都给我们上了一堂课。

有些人的出现教会了我们包容，有些人的离开教会了我们独立。我们应该感谢那些伤害过我们的人，也应该感谢那些曾经陪伴过我们的人。因为是他们教会我们成长，也是他们让我们知道过去的自己有多差劲。

所以，在遇见那个对的人之前，你首先要正视自己，正视自己的缺点，正视自己的弱点，正视自己的不足，正视自己的过去。矫正错误的观念、行为和习惯，然后在不断地自我提升中靠近那个你想要靠近的人。

别再盲目恋爱，也别再将就着恋爱。你需要听听自己心底的声音，尝试着去了解你自己，才会遇见你想要遇见的人。

## 多么庆幸，你不再是那个以爱情为主的人了

我信佛，信无常，更信轮回。

每一段相遇都是缘，缘尽了，情断了，就该是离别的时候了。

好聚好散好过兵戎相见，无法继续就请转身离开。

时光无涯，聚散有时。可无论如何，我们都不应该放弃对生活的希望，不是吗？

## 001

一大早，朋友圈被Selina婚变的新闻刷了屏。

我惊讶于看到这样的消息，于是跑去各大门户网站看新闻，想明辨真伪。后来得知，她是真的想要离婚。

我承认，一开始看到这条新闻的时候，我的内心有些悲伤泛滥，觉得爱情终究是抵不过样貌与时间。

那些疤痕是种永久的存在，烧在她身上，痛在她心里。从天堂掉入地狱般的痛苦，我想并不是每个人都能够忍受的。

本以为九年的陪伴足以弥补她内心的缺失，也是上天给她最好的安排，谁料想，九年后的今天，她选择了离婚。

虽然双方在脸书上的留言都超乎想象地冷静与理智，但离婚二字始终是个听着就会让人觉得难过的词汇。

我看到评论里一边倒地在指责张承中，各种标题类似于"Selina宣布离婚！逃过了大风大浪，却输给了平平淡淡！"的文章也相继出炉，民众不免一片唏嘘。

有人说，张承中从一开始就是迫于舆论压力才娶了Selina，离婚也是早晚的事。

有人说，曾经以为他们是不会分离的真爱，可谁知患难过后依旧要劳燕分飞。

有人说，好可惜，那么大的灾难都挺过来了，最后却没能白头偕老。

有人说，他们让我不再相信爱情了。

还记得，Selina上《康熙来了》的时候曾谈及自己的婚后生活，她提到了一件很微小的事情。她说，即使是相处了九年，张承中依旧无法接受她的狗。无论她多晚回家，地上总有一坨狗的便便。

我忽然觉得，许多事你接受得了一时，却接受不了一世。如同那些在爆炸案里留下的伤痕，它们斑驳丑陋地暴露在空气之中，每天都在提醒你发生悲剧时的情景。那样的阴影，弥漫在人的心里，一辈子都挥之不去。

多年前，张承中求婚的那段视频，把我看哭了。

爱着的时候，是真爱。只可惜，爱没了，也是真的没了。

003

一个男人可以爱你一时，但也许无法爱你一世。他爱你的时候，是真的爱你。可当他不爱了的时候，也是真的不爱你了。

我不想质疑张承中对Selina的爱，因为我宁可相信，他是真真切切地爱过曾经的她的。

那时候，Selina的事业如日中天，她光芒闪耀如公主一般。他当着数万粉丝的面向她求婚，一遍遍地喊着她"老婆，老婆"，满眼温柔，含情脉脉。

她在台上喜极而泣，笑容夹杂着眼泪与幸福，好像下一秒就将告别所有的苦难，投身进入他的怀抱，做一只温顺可爱的猫咪，这辈子得他一人专宠。

那画面太美了，真的太美，美到所有人都信了，美到所有人都以为王子和公主一定会生生世世在一起。

谁会想到，天有不测风云。上天竟将灾祸降临到她头上，使她几近毁容。

悲剧发生后，当事人无疑是最痛苦的，但围绕在她身边的人又何尝会比她好过。

004

曾在网上看到过这样的一个故事：

一男一女正准备结婚，不料男人在一场意外中被人泼了硫酸，容颜尽毁。女人深知，男人是为了保护自己才遭遇了这样的不幸，于是义无反顾地与他领了证，结了婚。

那晚，男人坚持要关灯。女人努力去想象男人受伤前的样子，可他凹凸不平的肌肤还是让她无法入戏。敏感的男人察觉到了她的异样，立刻朝她背过身去。她从背后抱住他，他却跟她说，他累了，希望可以早点睡。

之后，男人就以各种理由拒绝与女人亲热，包括亲吻。女人知道他是因为自卑才刻意避开与她的接触，于是极力讨好他、迎合他，可无论她怎么做，丈夫始终克服不了心理那一关，最后弄得两个人都很痛苦。

这个故事让我联想到了Selina和她的婚姻。

去年六月，她还对外宣称自己已经进入了备孕状态。一年后的今天，却要与昔日所爱之人分开。

也许真的不是因为不爱了，只是因为无奈。

而如今，Selina也已经不是以前的自己。

从前的她，遇到喜欢的人就会失去自我，把爱情当作生命的全部，强迫自己变成对方喜欢的样子，为爱追逐，舍弃尊严。

如今的她，心态平和，看开所有的悲与喜，云淡风轻，不再柔弱娇嫩，不再用眼泪博取同情，更不吝于将伤疤示人。

她愈发乐观、开朗、坚强、自信。复出后，她重新登上了舞台，拿起话筒，演讲、唱歌、录节目，宛若重生。

她不再是那个围着别人转的小女孩了。

正如她在离婚声明中所说的："以前的我，是一个只以爱情为主的人。但是这几年，我的人生观渐渐改变，我不再像以前一样全心全意只为爱情而活。"

也许，离婚让人觉得悲凉而残忍，但我却觉得，这才是最好的安排。

我信佛，信无常，更信轮回。

每一段相遇都是缘，缘尽了，情断了，就该是离别的时候了。

好聚好散好过兵戎相见，无法继续就请转身离开。

时光无涯，聚散有时。可无论如何，我们都不应该放弃对生活的希望，不是吗？

爱情从来都是生活的调味品。有时，心生欢喜。无时，不生怨怼。

即使伤悲，即使气馁，我们都要让自己活得更好。只有这样，才不会辜负自己所遭受的苦难。

# Part 4

# 在 我 心 里 ， 世 间 始 终 你 好

我终于明白那些洒落一地的幸福感源自哪里了
源自细微的感动，源自无声的陪伴，源自掌心的温度
源自内心深处对彼此相遇的感激

## 恋人间最好的状态是什么样的？

恋人间最好的状态大抵就是，你看你的小电影、做你的面膜、听你的歌，他看他的NBA、撸他的游戏、开他的黑。结束以后，一起出去吃个夜宵，怒撮一顿好吃的。幸福就是如此欢欢喜喜，简简单单。

## 001

不止一个人在微博上问我："到底什么样的状态才是两个人在一起最好的状态？"我觉得这个问题似乎没有标准答案。

恋爱中的两个人其实就像周瑜和黄盖，一个愿打一个愿挨。见过整天如胶似漆的，见过三天两头吵架斗嘴的，见过有事没事打情骂俏的，也见过在熟人面前装路人，私下各种你侬我侬的。

恋人间的状态，无非就是相处模式，只要你自己觉得自然、舒适即可。

我认识一个狮子座的女生，她和她男友谈了整整九年的恋爱。有一次我们出去喝茶，其间我忍不住问起她的恋爱经验，她很直爽，blahblah和我讲了一大堆。她说："恋人之间最好的相处模式就是他玩他的，我玩我的，完了之后还能聊到一块儿，就这么简单。"

当时我很费解，我说："怎么就应该是他玩他的，你玩你的了呢？恋人不应该是整天腻在一起的吗？"

她顿时女王范儿十足，她说："你恰恰犯了一个大忌。其实没有多少男人喜欢黏人的女生，你得学会营造自己的空间。"

她说男友打游戏的时候，她从不骚扰；他不主动联系她的时候，她也从不追问他的行踪。在其他女生因为男友总是玩游戏而生气发火的时候，她在和圈内好友吃饭、聊天、逛商场；在其他女生因为男友不主动联系而电话、短信连环轰炸的时候，她在美甲店里怡然自得地做指甲。她告诉我说，女人就应该有自己的生活圈子，一杯清茶，三两知己，推杯换盏，而不是总围着一个男人转。

我问她："这样的恋爱你难道不会觉得寂寞吗？"

她笑笑说："内心丰足，何来寂寞。"

"他工作的时候，我也在忙碌；他打游戏的时候，我在看美剧；他和他的好友出去聚餐的时候，我和我的闺密在吃甜品。他有他的圈子，我有我的圈子，但这并不代表我们心中没有彼此。

我不在他打游戏时骚扰，是因为我知道他平时工作忙碌，鲜有时间放松。哥们喊着开个黑，他就屁颠儿屁颠儿地去了。他不主动联系我的时候，我为什么从不追问他的行踪？因为我知道他肯定手头有事，脱不开身。等到他忙完了，他自然会来找我。"

我的这位朋友和男友就快结婚了，我打心眼儿里羡慕，因为她成功地将校服变成了婚纱。

在恋爱的相处过程中，很多女生容易缺乏安全感。比如说，对方一条消息回得慢了，就会开始担心焦虑，分分钟强迫症发作，隔个三秒看一次手机，就差把屏幕给盯破了。可人家也许只是刚好被上司喊去跑腿，或是手机开了静音，或是正在开会，或是一下子还没反应过来到底应该回什么，或是当时没来得及回，过了那个点以后干脆就不回了吧。

曾经在网上看到过一篇文章，大致意思是说，从一个人回消息的速度可以看出他对你的在乎程度。上大学的时候，我一度把这篇文章当作恋爱教学指南，一旦对方没有秒回，我就认为他不在乎我，于是发生了许多不可避免的争吵。直到今天我还记得他对我说过的那句话，他说："你忙你的，我忙我的，不是挺好的吗？为什么你非要没事缠着我呢？"

对，为什么你非要没事缠着他呢？

我认识一个姑娘，大三的时候谈了场异地恋。男友比她大一届，和她又不在一个学校，所以她特别没有安全感。她规定男友每天要给她打两个电话，早上一个，晚上一个；还规定男友要报备行踪，去哪儿、做甚、和谁。男友刚开始还积极配合，一年下来就有些吃不消了。刚好他俩我都认识，有一次这个男生就在QQ上跟我抱怨，他说："我觉得我好累，每天都像活在监视之中。定时定点地给她打电话，可有时我们都无话可说，只好保持静默，很尴尬。"

我说："异地恋都这样吧，你要体谅人家姑娘呀。"

他苦笑着说："那谁来体谅体谅我？我大四了，正在忙着实习找工作，每天人才市场、招聘单位各处跑，生怕错过机会。网上简历投了N次，好多都石沉大海了。你也知道，我这个专业工作难找，整天都快愁死了。可她呢，还在纠结着我今天电话打了没，有没有准时打，为什么误点了，为什么电话里保持沉默……我真的想说，我也有我的烦恼，我也有心情不好不想说话的时候，我渴望得到的是理解与安慰，而不是质问与争吵。"

姑娘和男友的故事，你一定觉得很耳熟吧。是的，这样的故事天天都在上演。人们总说异地恋痛苦、异地恋难、异地恋很少能修成正果，可我想告诉你的是，事在人为。不要怪事情本身了，要怪就要怪处理事情的两个当事人。

## 003

其实，安全感是自己给自己的，这句话不无道理。许多男男女女就是把对方看得太重，对他们的期望太高，好比地球围着太阳转，转着转着就脱离了原来的轨道。

试想一下，当初没有恋人的时候，你是怎样度过每一天的？我能想到的是，你会和朋友一起散步、打球、逛街；陪父母买菜、做饭、聊天；与同事商量好旅游、搓麻将、爬山。这样的生活，似乎丰富得能开出一朵花来。

这又让我想起了狮子座女生跟我说的那句话：内心丰足，何来寂寞。

是啊，很多时候，就是因为太闲，所以我们才会有大把大把的精力去耗费在一些鸡毛蒜皮的事上。

恋爱是一场考验，相处是一门学问。如果双方都能做到坦诚，就不会有猜疑和惶恐的诞生。如果没有猜疑，就不会出现信任危机。如果从始至终你都信任对方，你们就不会争吵，而是会去体谅他、包容她。

三四年前，我还是一个不折不扣的小女生，青葱懵懂、对人依赖。后来在网上开设了自己的电台，找回了久违的归属感。如今，我又在写作这条道路上迈开了前进的步伐，我觉得我的内心真正富足起来了。

Z先生常说我忙起来就不见踪影，我说我是专心致志忘了周遭。

距离上一次见面有半个多月了吧。这阵子他天天加班，为了完成公司指标奔走于大大小小各个企业，最忙的时候，晚上加班到凌晨两点，第二天一大早照样精神抖擞地去上班。

我大概也是太忙了，每天想着如何把电台节目做得更精致，如何写出高质量的文章，如何与听众读者互动，如何把微信公众号运营得更好……

那天看到Z先生的朋友圈，凌晨五点半的环城北路，昏黄的街灯还未熄灭，天空方才泛起一丝鱼肚白，马路上空落落的鲜有车辆经过，整个城市像个正在熟睡的婴儿一般，寂静、祥和。他站在高高的二十三楼，悄无声息地拍下了整个画面。我突然觉得有点儿心疼。

即使工作再劳累，他也不曾在我面前有过半句怨言。倒是我，经常为他打抱不平，可他总是笑笑对我说："如果不与困难负隅顽抗，你将会有被反噬的危险。"于是，我们果真如同事先约好的一样，他忙他的，我忙我的，彼此独立但又心照不宣。每次忙完，我们总能约好一起出去怒撮一顿，干杯，敬未来。再干一杯，敬自己。

要我说，恋人间最好的状态不是谈情说爱，而是一起拼搏、奋斗。奋斗完了，出去放松、吃肉。比起辜负与错过，我们更应该学会理智与努力。

004

别再把时间浪费在那些毫无意义的争执上了，也别再耗费你的青春左右逢源、游戏于花丛间了。恋人之间谈的是情，说的是爱，可如果没有物质的保障，何来浪漫，何来享受，更何来以后？

我几乎天天都能收到网友们的情感倾诉，老实说，这里面负能量爆棚。不是说自己的男友花心劈腿，就是说自己的女友霸道任性。朋友们，你们该长大了。在最该奋斗的年华里，别挥霍了自己的青春。如果你一味地在对方身上纠毛病，我告诉你，毛病永远纠不完的，因为这个世界上原本就没有完美的人。

恋人恋人，恋字下面是个心。这说明，谈恋爱是需要走心的。

我见过好几对情侣，分分钟说好要在一起，分分钟又反目成仇。究其原因，大多是其中一方并不是那么喜欢对方，而在对方的软磨硬泡下不懂拒绝，于是就答应了告白，勉强一起。在一起之后，付出多的一方渐渐开始心理不平衡，老是要求另一方要像当初他/她追他/她那样掏心掏肺，于是，偏见、不甘、猜疑通通上演，口水战一触即发。

何必呢？

如果一开始你就不是很喜欢他，就请你和他保持距离。别给他希望，别逆来顺受。要知道，暧昧与滥情一样可怕，都是魔鬼。

当然了，喜欢一个人你也要学会理智。有时候你明知山有虎，偏向虎山行，那就是你的不对了。飞蛾扑火也要掌握个度，一个不小心，你可能就把自己烧死了。

亲爱的，我希望你能学会理性、独立、坚强。要知道，我们每个人都是一个个体，不管是恋爱还是生活，我们走出去代表的都是我们自己。一个内心强大的人，不会害怕任何艰难险阻，而这样的人，最有魅力。你要学会自己给自己安全感，这样，你才不会在恋爱的洪流中迷失方向。

从今天起，别再黏着你爱的人了，别再每时每刻地追问他的行踪，别再整天为恋爱烦心。生活不仅仅有谈恋爱这一件事情，还有好多其他的事情在等着你去做。你要记得，你不是任何人的附属品，也无须把自己变成怨妇、暴君。恋人之间，本就应该有各自独立的空间，这样才能拥抱彼此，自由呼吸。

恋人间最好的状态大抵就是，你看你的小电影、做你的面膜、听你的歌，他看他的NBA、撸他的游戏、开他的黑。结束以后，一起出去吃个夜宵，怒撮一顿好吃的。幸福就是如此欢欢喜喜，简简单单。

## 我这么好，为什么找不到男朋友？

女孩儿，首先要学会经营好自己。在要求别人如何如何前，请先让自己变得无可挑剔。

## 001

今天早上，有个姑娘在微博上给我发来私信。她说她不明白为什么身边的女性朋友陆陆续续找到了自己的归宿，她却还是单身狗一只。我问起了她的择偶标准，她说要有车有房有存款，身高高于一七五，当然还要长相好，家中无贷款。

我有些惊讶，看她提出的条件，心想多半是个美女吧。于是我说亲爱的，发张照片我看看呗？

姑娘倒也豪爽，没过一会儿就给我发来了一张自拍照。这下可让我大跌眼镜了。好吧，我承认这是一个看脸的年代，姑娘确实长得不怎么样。一时语塞，我没再回复她。她见我保持沉默，就给我敲来一行字。

她说：你是不是觉得我长得挺普通的？可是我家有两套房，好多媒婆都抢着帮我介绍呢。我觉得我条件挺好的呀，为什么就是找不到男朋友？

姑娘的一番话着实让我呆愣了一把，我忽然想起几个月前在知乎上看到的一则个人咨询，标题就是《我这么好，为什么找不到男朋友》。

提问者是个1991年出生的妹子，在美国读大四，纯文科专业，毕业后准备回国。她说她自我感觉良好，却依然改变不了找不到男友的事实，身边比自己条件差的都找到了，不免觉得惆怅。

我仔细阅读了她给自己罗列的条件，大致整理如下：

1.微胖女，眼镜娘，不化妆。完全无压力，更无减肥动力。

2.二线省会城市独生女，父亲是厅局级官员，母亲是国企高层。

3.从小接受良好教育，但一直是学校里的芸芸众生，从未和任何男人暧昧或是被搭讪过。

4.性格内外反差强烈，陌生人面前高贵冷艳，熟人面前各种无节操无下限。有乖乖女的一面，也有女汉子的一面，轻微女权主义。

5.不爱做家务、不会做饭、不会赚钱，但却很享乐主义。

6.认为自己文学功底较好，自我感觉可以称得上是"中国好女友"。

……

002

通篇看下来给我的感觉是，提问者在以一种看似谦虚的方式强调自己的优势。比如家庭环境好、教育背景好、朋友圈里好多富二代。她说自己对未来男友真没什么要求，只要别太极品就行。但在文章末尾，她却借用了一位好友的例子，暗示自己也主张享乐。

这个与她关系不错的女友，和她消费水平差不多，曾与一名读Ph.D的理工男交往。理工男出去吃饭只去中餐馆，或者直接在家里做，而女友却喜欢吃喝玩乐。无论是城中新开张的法国餐厅，还是坐落于郊外的旋转餐厅，她都总想去试一试，可理工男完全无法理解花上几百元吃不好吃的食物的意义何在。另外，女友还喜欢买东西，虽然算不上一掷千金，花的也都是自己的钱，但理工男还是看不惯她花钱大手大脚，于是两人经常吵架。后来，相处不到一个月，女友和理工男就分手了。

我觉得问题就出在这里。

很多家境还不错的女生，骨子里透着一种优越感。她们认为自身在物质上富足，男人就一定会追着跑。比如前面提到的那位姑娘，家里有两套房就自我感觉良好了，嘴上说着自己要求不高，心里却满是条条框框。你觉得你家庭条件好一般人配不上你，可问题是，比你条件好的男人为什么要找你？不好意思，他们都去追得更漂亮的了。

还有就是缺乏传统美德，崇尚享乐。现在的女孩子大多经济独立，花钱如流水眼睛都不眨一下。其实花自己的钱买喜欢的衣服、包包这无可厚非，但如果你收入本就不高还月月光，在毫无节制、没有存款的情况下啃老，这就说不过去了。男人其实很传统，多半想找贤良淑德、勤俭持家的女人做自己的另一半。如果你一丑、二懒、三会花钱，男人都会被你吓跑。

你可以心高气傲，可以眼光很高，但请在挑剔别人之前先审视一下自己是否足够优秀，是否具备以下闪光点：美貌、智慧、温柔、能干、毅力、上进心、优雅的气质、不凡的谈吐、琴棋书画等才艺、看书学习等爱好。如果这十项里你具备了一大半但仍旧没有找到男朋友，那么姑娘，别着急，你很有可能还没遇到那个对的人，缘分这种事也分早晚。但如果这十项里你一项也不具备，那么姑娘，我不得不提醒你，作为一个女孩子你首先要学会经营好自己。在要求别人如何如何前，请先让自己变得无可挑剔。

003

我认识一个朋友，自身条件的确挺好。论相貌，肤白、貌美、大长腿；论学历，常春藤名校毕业；论才华，画得一手好工笔；论家世，父母都是高干子弟。就是这么一个看似完美无瑕的白富美，到现在快三十了，依旧无人问津。

前两天她在微信上问我，说自己已经够优秀了，为什么还找不到男朋友？我说你是真想找，还是只是迫于家里给你的压力？她忽然就不说话了。

后来她坦言，她其实是在怕。

出国前，她曾有过一段不愉快的恋爱经历。男友劈腿闺密。当他们在她面前开诚布公，希望她能成全祝福的时候，她毅然决然地选择了去国外进修。她说她忘不了被背叛的滋味，忘不了躲藏在花言巧语背后的欺骗，更忘不了那一刻几乎崩溃的心情。她不再相信男人了，她只信她自己。

我说："你是不再相信爱情了。"

"也许吧。"她说，"我特别害怕自己的全盘付出最后会被辜负，于是给自己筑了一道围墙，别人进不来，我也出不去。我想，这样就不会再受伤了吧。可是你知道吗？围墙里面虽然安全，但始终没有阳光。我终日在那个狭小逼仄的空间里待着，感觉周身阴郁寒冷，就快要支撑不下去了。每当看到街上人来人往成双成对，我就会觉得自己格格不入。尤其是冬天的时候，我特别渴望有个人能把我的手放在他的衣兜里，那样，我就不会再冷了。"

很多姑娘都像我的这位朋友一样，嘴上说着"我不再相信爱情了""男人都不是什么好东西"，可心里对爱情还是抱有期待。纵使曾经遭遇过背叛，纵使曾经遍体鳞伤，你还是想要找到一个能够真心待你的人。

故意高冷，保持单身，并不是你最初的意愿，你只是封闭了内心，以为那样就可以保全自己。但是亲爱的，我们都将会老去。当你的容颜日渐枯萎，当你的笑容不再明媚，冰冷的孤独感就会将你慢慢吞噬，连渣都不剩。你问问自己，来到这个世界究竟是为了什么？难道真的只是为了轻轻松松走一遭，最后了无牵挂？

适当地敞开你的心扉吧，推倒那堵挡在心口的围墙。让蝴蝶飞进来，让阳光照进来，你会发现，想要拥抱你的人很多。他们只是迫于无奈，走进不了你的内心。

薄荷是个声音甜美的萌妹子，我们因为电台结识。她与我年龄相仿，谈了个把恋爱，也在家人的安排下相了几次亲。可是造化弄人，没有一个成功。

有一天晚上，她在QQ上抖我。我问她怎么了，她发来一个沮丧的表情跟我说："宿雨，我和他分手了。"我说："啊？这么快？你们交往连一个月都没满啊！"她说："是啊，好郁闷。我不知道问题出在哪儿。我觉得我够懂事、体贴、温柔，孝敬父母、尊敬长辈、尊老爱幼，为什么最后还是沦为了单身狗？"

我说，这个问题问得好。

许多女孩子的的确确是好姑娘，善解人意、温柔娴静。可是，为什么这样的女生还是找不到男朋友？

我觉得是因为性格太保守。

或许你真的很文静、善良。但是，也许你过于死板、一本正经、不懂幽默、不会聊天、死腔、被动、过分矜持……好吧，如果你不小心和其中任意一项沾了边，那么对不起，你很有可能在无形中被心仪的男生pass。

举个例子：

我有个大学同学，人很nice，和她相处会觉得很融洽，但在喜欢的男生面前，她瞬间就像歇了菜一样。简言之：她hold不住。hold不住的意思就是，她害羞、矜持，总怕自己说错话。当对方找话题调侃她的时候，她会生闷气，觉得人家不正经，而其实，那个男生是因为对她有好感才想了一些段子故意逗她，结果她一个星期不理不睬。最后，男生以为她不喜欢他，渐渐就放弃了追求。

事后，她很后悔。她说："我其实是喜欢他的呀，只是我太不好意思了。"

我说："有啥不好意思的？该主动的时候要主动，该把握的时候还是要好好把握。我不主张女孩子倒追，但如果你喜欢的人已经向你传达好感的信息了，你就应该顺势接住。"

他找你聊天，你就表现出你最活泼俏皮的一面出来，幽默的女生总能给人留下好印象；他找你吃饭，你就应该大大方方地去，共进晚餐是最能增进感情的一种方式；他不找你的时候，你偶尔也要关心一下他，让他知道你的小心思。总之，你要让自己变成一个有趣的人，而不是让人觉得干巴巴、味同嚼蜡。

## 005

去年冬天的时候，我和闺密去电影院看了《撒娇女人最好命》。当时，她坐在我身边各种嗤之以鼻。她说，这女人发起嗲来还真是让人觉得毛骨悚然。我在一旁哈哈大笑。我说："你不也是女人吗？"她朝我翻了个白眼说："不好意思，我是女汉子。"

可回来以后，闺密就变了。可能连她自己都没察觉，她开始学会撒娇了。以前总是大大咧咧，和男友相处的时候一个不开心就喜欢扯着嗓门喊，就跟河东狮吼似的。后来她告诉我，她发现女人还是要有女人的一面。嗓门大不代表你厉害，恰恰是一种情商低、不成熟的表现。真正有智慧的女人，从来都不在面上和男人较劲，而是用一种温和、迂回的方式，让男人从心底对你折服。

她做到了。

闺密男友两个月前向闺密求婚，婚期定在明年三月，一个春暖花开的季节。我替她高兴。

那天闺密请我吃饭，饭桌上，我故意调侃她。我说我没想到，一部电影对你的影响会如此之大，把一个彻头彻尾的女汉子改造成了小鸟依人的萌妹子。闺密一边朝我笑眯眯，一边在桌子底下蹬我的腿。她傲娇地说："谁说我是女汉子了，讨厌！"

其实，姑娘们找不到男朋友确实挺郁闷，除非你真的是独身主义，排斥男人、排斥婚姻，那么你会觉得无所谓。但凡是一个想要认真生活的姑娘，最终都想要好好恋爱、修成正果。

如果你觉得自己很好，但一直找不到男朋友，那么就应该花些时间静下来好好想想，问题究竟出在了哪儿。是不注重打扮还是脾气暴躁？是任性不懂事还是太孤傲？是不够独立还是太过自我？是享乐爱玩还是木讷笨拙？

凡事都有它的原因。

从今天起，不要再问别人"我这么好，为什么找不到男朋友"。究其原因，还是自身存在众多不足啊。

## 真正爱你的人，无论如何都不会离开你

这世间的变迁太多太多，唯一不变的是，我想一直待在你身边。我想就这样陪着你，一直到老。因为我爱你，所以无法将你拱手相让。因为我爱你，所以幸福我要亲自给你，别人我不放心。

## 001

2012年寒假里的一天，大我一届的前男友杰告诉我，再过一个月他就要远赴新加坡工作。

"能不去吗？"我厚着脸皮求他。

"公司那边已经在催我入职了，我爸妈也希望我早点过去。"顿了顿，他又说，"你知道，从几百个面试者里脱颖而出是一件多不容易的事。"

我不知该说些什么好。

一年前，我和他在一次活动中认识。那时的他皮肤黝黑，个头不高，鼻梁上架着一副厚厚的黑框眼镜，怎么看都不是我喜欢的类型。

他用英语给我写长长的情书，在情人节那天跑到我宿舍楼下表白，边弹吉他边唱那首《对面的女孩看过来》。他在我生日那天送我一条施华洛世奇的项链，发誓会对我好一辈子。

我知道那是他省吃俭用了大半个学期买来的，内心很感动，于是信了他。

事实证明，他的确是一个特别上进的男生。他时常督促我的学业，时常与我讨论学术方面的问题，时常向我吐露自己的雄心壮志。

"上清，以后我要赚好多好多钱，养你。"

"真的吗？"

"真的。"

## 002

杰是个优秀的男生，会说一口流利的英语，曾经当过外教班的代课讲师。他一直有个梦想，就是去国外工作。这次机会来了，他自然不肯轻易放手。

"要不……我们还是分手吧？"杰的声音低到我差点听不见。

"好。"我强忍住眼泪，给自己倒了杯啤酒，"恭喜你，祝你一路顺风！"

喝完啤酒我转身就走，嘴里涩涩的，也不知是啤酒还是眼泪。

一个月后，杰去了新加坡，同行的还有另外一个英语系的女生，听说是他师妹。

他走后，我在宿舍哭了整整一天，把眼睛都哭肿了。我知道我舍不得他，我知道我放不下这段谈了一年的感情，我知道我不想自己的初恋就这样寿终正寝，可我什么也做不了。

那种感觉真是糟透了。

## 003

杰走后，我瘦了十斤。我常常在走路的时候失神，等到清醒过来时心里又一阵酸楚。

那阵子我看了辛夷坞的小说《致我们终将逝去的青春》，觉得自己和郑微好像。她爱的人最后离开了她，在爱情和前程面前选择了后者，杰又何尝不是。

我渐渐变得困惑。都说爱一个人要给他自由，可当我放手以后，我不是真正地快乐。

我很难过、很难过、很难过。

我习惯性地跑去看杰的微博。

一开始，他的状态里还有我的影子。三个月后，我突然发现他有了新的女朋友。

我看着他和她的照片，胸口一阵发闷，眼睛模糊到什么也看不见。我没想到，那个她竟然就是和他一起去新加坡的小师妹。

我一边苦笑，一边往下翻看。一连串的蛛丝马迹像一帧帧跳动的画面，一遍又一遍地提醒着我他们两人的暧昧关系，我想，再笨的女人也能猜到事情的始末。

我终于对着电脑屏幕失声痛哭，那一刻心像被撕裂了一般疼痛。

一切的一切，都那样讽刺。原来，一直都是我在自己骗自己。

后来的日子里，我带着我最后的倔强与自尊，带着对杰的恨，挨过了整整一年多的空窗期。这期间不乏有一些向我示好的人，可不知道为什么，我就是喜欢不起来。

我不相信他们说的话，我觉得他们的笑容都好假。

闺密说我得了失恋后遗症，我不置可否。

曾经那么天真地相信一个人，曾经以为爱到极致是放手，可当背叛来袭，那种冰冷刺骨的感觉我一辈子都忘不了。

004

2013年6月，闺密拉着我去毕业旅行。她说痊愈的最好方式就是离开这里，去一个陌生的城市，感受那里的呼吸。

我们去了泸沽湖，一个素有"高原明珠"之称的地方。同行的有闺密男友，还有他的几个朋友。

晚上我们一起参加了篝火晚会。趁着当地人表演的间隙，闺密把我拉到一边，向我介绍起了那个叫许哲的男生。

"他是我男友的好友，人特别好。你考虑一下？"

我刚想张口说些什么的时候，第二个环节就开始了。所有人围成一个大圈，兴冲冲地跟着摩梭人一起跳舞。闺密站我右手边，拼命朝我挤眉弄眼。慌乱间，有人轻轻牵起了我的左手。

那是一张特别干净的脸，嘴角还荡漾着一抹微笑，在篝火的照映下显得尤其暖人心田。

"你好，我叫许哲。"

"你好，叫我上清就可以了。"

那是我和许哲间的第一次对话。他眉眼笑得灿烂，拉着我不停蹦跳着，让我瞬间忘记了时间。

篝火晚会结束后，有人提议玩游戏。闺密自告奋勇地做了主持人，把我和许哲都拉上了台。

我们玩了一个叫作"泡泡糖粘什么"的游戏。

参加游戏的一共九人，边听音乐边围着主持人转。主持人喊"泡泡糖"的时候，大家回应"粘什么"，等主持人发号施令后迅速找人配对，没有配对成功的人out。

我们粘了手臂，粘了背，粘了肩膀，还粘了耳朵，几局下来，笑声连连。我和许哲饶有默契地玩到了最后，淘汰掉了所有人。大家要求我们表演节目，于是我和他合唱了一首《只对你有感觉》，引来台下一阵欢呼。

"那小子，你觉得怎么样？"闺密在睡前问我。

"挺好的。"我说。

"挺好的就跟人家谈谈呗，你都单身一年多了。"

我何尝不懂闺密的良苦用心，她精心策划了这场旅行，目的就是撮合我跟许哲。可是，受过伤的人哪有那么快痊愈？

回去后没多久，许哲就向我表白了。他在QQ上发来一组照片，全是泸沽湖的风景。

"拍得真好。"我说。

"是六月的泸沽湖太美。"他回。

我惊讶于他的摄影技术，他却自谦说自己只是业余水准。我们就这样有一搭没一搭地聊起天来。

蓦地，他突然问我："上清，可以做我女朋友吗？"

我对着电脑屏幕愣了很久，不知该如何作答。

"没关系，是我太唐突了。听嘉琪说，最近你心情一直不太好，我想我应该给你一点时间。"

"谢谢你许哲，谢谢。"

之后的半年里，我们时不时地联系。有时我们会约好一起吃饭，叫上几个之前一起旅行的朋友，半夜三更地跑去店里吃火锅。有时候许哲会叫我过去帮忙，咔嚓咔嚓帮我拍几套写真放橱窗里展示。有时候我的笔记本坏了，也会跑去找他重装系统。

年末的时候，许哲终于有了自己的工作室。

元旦那天晚上，他单独约我。我们没去火锅店，而是去了一家名叫Chicken Suutak's的炸鸡店。

"为什么带我来这里？"我问。

"生日的时候不就应该喝啤酒吃炸鸡吗？"许哲淡淡一笑，"生日快乐，上清。"

我望着他那一牙弯月下的澄澈，忍不住哭了。

2013年12月28日，我在QQ空间里写道：快生日了，好想有个人能陪我喝啤酒吃炸鸡。

## 006

情人节那天，许哲带我去坐云霄飞车。风在耳边呼啸，尖叫声此起彼伏。我兴奋地攥紧了许哲的手，他回攥了我的手，在一旁默不作声。当过山车到达顶端向下俯冲的时候，许哲朝着天空大声喊道："我喜欢你，上清！"那一刻，我感觉过山车甩掉了我所有的悲伤。

"你应该有恐高症吧？"下来后我问他。

"这都被你看出来了？"

许哲自嘲说自己从小就害怕特别高的地方，那会让他心惊肉跳头皮发麻。我说："既然如此，为什么还愿意陪我去坐过山车呢？"他回答说："因为你喜欢啊。"

跟许哲在一起后，我的人生展开了新的篇章。我开始学会享受生活，发现乐趣，我不再沉默寡言或是郁郁寡欢。他就像一抹春风，复苏了我的整个世界。我渐渐愿意卸下包袱与防备，打开心里封锁已久的那扇门，让阳光和新鲜空气一同飘进来。我不必在他面前强颜欢笑，也不必在他面前故作坚强，更不必担心哪天他会说离开就离开。

那天我们聊到彼此的前任，他告诉我说，他的前任是个很好的人。他们有过一段美好的时光。只可惜，她的父母并不看好他，想让她与他分手。后来的后来，她听了她父母的，跟他分手然后出国留学，从此便断了联系。

"你恨过她吗？"

"恨过，但现在不了。"许哲伸过手来捏了捏我的脸，"每个人都有选择自己人生的权利，我没有办法阻挡她前进的脚步，也不想成为她人生里面那一厘米的误差。有些人注定是要错过的，因为他们注定会离我们而去。"

"我们很像不是吗？"我上前环住他的腰，将脸轻轻贴在他的后背上，"我们都曾付出真心，最后败给了距离。"

"不，不是的上清，不是的。"许哲回过身来将我搂进怀里，"真正爱你的人，无论如何都不会离开你。"

"是吗？"

"是的。"

我忽然想起2015年的最后一天，许哲在车里向我求婚。我问他为什么要娶我，他说："因为我要自己给我爱的人幸福，别人我不放心。"

# 女朋友在情人节问你要礼物，说明她还爱你

爱情也是有保质期的，好的感情，靠的是日积月累，是渗透到平常生活里的一点一滴。别吝啬你的付出，别吝啬你的表达。比起甩一沓钞票后的漠不关心，女朋友更在意的是你是否用了心。

## 001

今早上班打完卡就听见前台姑娘在那儿嘀咕，说她男友昨天没有给她送花。

我想了想，的确，昨天是情人节。

"他怎么就不懂呢。"姑娘一脸沮丧。

"收到喜欢的人送的礼物本身就是一件特别美好的事情，而如果这个礼物是一束芳香四溢的鲜花，那就会是这个世界上最美好的事情了。"

你是不是也曾这样期待过？期待你爱的人能够在一个特殊的日子送你一盒巧克力，抑或是一束玫瑰花。

你偷偷藏起自己的小心思，希望自己不说他也能懂。

惊喜嘛，哪个女生不喜欢呢？

## 002

40岁的林心如在参加《我们相爱吧》时，行为异常得像个少女。

我们都以为，混迹娱乐圈多年的她早已练就一副金刚不坏之身。可当她面对任重精心准备的礼物和告白时，她还是忍不住哭了。

她暴露了最原原本本的自己。

她美丽、善良、大方、讲义气。

她骄傲、倔强、争强好胜。

她感性、爱哭、易感动、喜欢逞强。

她喜欢粉红色，喜欢Hello Kitty，喜欢一切又萌又可爱的东西。

其实，她不过是一个渴望被爱、被呵护、被珍惜的小女人罢了。在任重送的Hello Kitty面前，她的喜悦溢于言表，分分钟害羞得像个涉世未深的小女孩。

看吧，不管女人的年龄有多大，礼物的魅力永远都是只增不减的。

有个男生问我，情人节为什么要送女孩子鲜花？明明保质期很短，又贵又不实用，为什么女生还是会喜欢？

我回答他说，有时候幸福感不是通过那些实用的东西来获取的。

比方说，春节我们喜欢放鞭炮，国庆我们喜欢放烟花。

那鞭炮和烟花哪个不是放完了就没了的？

论实用性，它们一点也不实用，为什么我们还要买呢？

不就是图个喜庆、图个热闹、图个开心吗？

鞭炮虽然放完就没了，可我至今还记得我的童年。

烟花虽然转瞬即逝，可看烟花的人也许一辈子都会记得那个场景与画面。

再比如，婚纱、钻戒。

这些东西通常是为了应付结婚而去买的，有的人也会选择租。

那你觉得这两样东西实用吗？

婚纱，不出意外的话这辈子大概只会穿一次。

钻戒，虽然每天都戴在无名指上，但它没有真正的使用价值，纯粹是一种装饰。

可为什么我们还是需要它们呢？

因为它们带给我们的意义非凡啊。

婚纱象征着纯洁无瑕的爱情，是每个女孩的梦想。穿上婚纱的那一刻，意味着你即将步入婚姻，重获新生；钻戒代表忠贞与羁绊，是你与你心爱的人的一个誓约。戴在手上是为了提醒你，要对你的爱情忠贞不渝。

如果要讲究实用性，这些东西都可以不买，都不需要，裸婚就好，但你总会觉得有些遗憾不是吗？

你会觉得自己不幸福。

所以，发现没有，浪漫的东西大多都是不实用的，但却能给我们带来快乐与满足。

如果有一样东西浪漫而不实用，但可以让我爱的人感到欢乐与幸福，我愿意买给他。

只要他开心就好不是吗？

为什么要吝啬自己的爱呢？

## 004

很多人给我写信，说自己的恋爱进入了平淡期，问我是不是真有七年之痒。还有人向我抱怨，说自己的婚姻出现了问题，四处游说自己的不幸，声称婚姻是爱情的坟墓。

其实不管是恋爱还是婚姻，步入平淡都是很正常的，不能说埋葬爱情的是婚姻。婚姻本没有错，错的是人。

热恋期怎么没见你们抱怨呢？整天如胶似漆好得跟一个人似的，天天爱呀爱呀的能腻死人，可怎么一到平淡期就各种吵架、作死、闹分手呢？

归根结底还是因为不肯再为对方多花心思了。

从前爱一个人，愿意大老远地为她买碗她爱吃的水饺，给她剥虾，为她做许多从来没做过的事。后来追到手了，热恋期一过，该干什么就干什么。水饺自己买，虾皮自己剥，其他的事情也就甭再指望了。

一切的一切让人顿时没了安全感，心理的落差让你情不自禁问自己：他是不是不爱我了？要不然变化怎么会那么大？

于是，争吵也伴随着猜疑一并来了。

很多人以为，在一起了就会是永远，殊不知，爱情也是有保质期的。如果不想看到自己的爱情变质，一定要学会将爱情保鲜。

回想热恋时，你送她一朵玫瑰，她都能开心好几天。看到她笑，你也笑了。那时的你是不是觉得很甜蜜，很幸福？这就是在给你们的爱情保鲜啊。好的感情，靠的是日积月累，是渗透到平常生活里的一点一滴。

联系、关怀、鼓励、赞美。

理解、包容、体谅、感恩。

一句关心，一声问候。

一个拥抱，一个亲吻。

一束鲜花，一个惊喜。

这些不都是爱的表达方式吗？

倘若全部省去，那爱情还剩下什么呢？

*005*

一束鲜花、一盒巧克力远比钻戒、跑车便宜，如果这么经济实惠的东西就能取悦一个女孩的芳心，那么恭喜你，你找到了一个好姑娘。

如果你的女朋友在情人节问你要礼物，这说明她还爱你。否则谁稀得要你的破礼物啊！

前台姑娘后来跟我说，她想要的其实很简单，就是希望自己喜欢的人能在她身上多花点儿心思。过节的时候制造一点小浪漫、小惊喜，给枯燥的生活增添一点情趣，让她感受到他对她的爱。

这比起甩一沓钞票后的漠不关心，她说她更在意的是对方是否用心。

我想，一定还有许多同她一样的姑娘，正在等待着那份特殊的小礼物。

这份礼物不需要很贵重，不需要很奢华，但只要是喜欢的人送的，就会令她很开心。

# 不是爱情经不住时间，而是时间经不起善变

一个人一旦想要变心，借口就会有千千万万。那些冠冕堂皇的说辞和支支吾吾的谎言，最后都掩盖不了那颗朝三暮四的心。心不定，感情自然就会变得缥缈，如同一盘散沙。自己太软弱，就不要说现实太残酷。自己的爱情不笃定，就不要说周围有太多诱惑。

## 001

谈过异地恋的人都明白，异地恋难就难在你爱的那个人不在你身边。每当游走在校园或是街道上时，看着别的情侣手牵着手肩靠着肩，你就会觉得自己和单身狗没什么两样。没有拥抱、没有亲吻，吃饭没人陪、逛街没人陪、生病发烧了也没人照顾。电话那头，他爱莫能助。除了让你喝水、吃药、多穿衣服，他还能做什么呢？距离摆在那儿，像是一条无法跨越的鸿沟，让人遥遥相望。

异地恋适合内心强大的人。

如果你是一个不够独立、感性、脆弱、依赖性很强的人；如果你的内心还是个孩子，总想有人陪；如果你是玻璃心，经不起分离；如果你爱哭，受不了几个月都见不上一面，建议不要谈异地恋。因为往后的日子你会更痛苦。

很多人在开始异地恋以前根本就没考虑清楚，往往因为一时的激情，或是一时的寂寞，就随随便便拉了个人聊以慰藉。这是一种极其不负责任的做法。

恋爱不是儿戏，不是过家家，更不是一场闹剧。在开始一段恋情前，你要想清楚了，你要对自己负责，也要对别人负责。不负责任的下场就是，伤了别人，也伤了自己。

有人说，异地恋之所以失败是因为不够爱。我倒觉得，异地恋失败不是因为不够爱，而是因为不成熟。

许多女生多愁善感，喜欢将问题无限放大。同样一件事情，在别人眼里也许只是一件小事，可是在她眼里却是天都要塌下来了。比如，对方没打电话、没回短信，她就开始胡思乱想："他是不是不爱我了？不要我了？"这就是典型的内心不够强大，对自己不够自信的表现。负面情绪产生以后，第一时间想到的不是去克服、去沟通，而是采取一种十分消极的方式去处理。时间一长，感情就被作没了。

男生也没好到哪里去。许多男生心智尚且稚嫩，对另一半没有耐心，对自己的人生没有规划，整天无所事事、游手好闲。他们的内心是空虚的，是寂寞的。恋情开始前稀里糊涂，恋情开始后还是稀里糊涂。这样的人最容易劈腿，一个不小心就会受周围环境的影响，对原有的恋情产生动摇。如果这时候，女朋友再无理取闹，就刚好给了他一个分手的理由。

一句话概括，就是：耐不住寂寞，经不起诱惑，缺乏面对孤独和困难的勇气，不坚定，无恒心。

我有一对情侣朋友，西瓜和煎饼，是我的大学校友。大一我们一起面试入选学生会，她和他一见钟情，迅速发展成为情侣。大二的时候，煎饼要出国，西瓜哭得一塌糊涂。

有一天她把我从宿舍里叫出去，我陪她去操场上吹风。她一边喝着啤酒一边问我："宿雨，我该不该分手？"我说："我这个人向来劝和不劝分，你知道的。"

"可是我害怕。"她说，"我怕他出国以后就把我忘了，我害怕距离会把我们变得疏远，我害怕最后我们会在争吵中结束这段感情。"

"那你爱他吗？"我问。

"爱。"她斩钉截铁。

"既然爱，那就要坚持啊。"我说，"我从来不信什么'放弃你是因为我爱你'这样的鬼话，如果你真的爱他，那就请你勇敢一点，和他一起努力。现在通信这么发达，比起以前只靠书信来往的年代，真的已经好太多了，不是吗？"

西瓜愣愣地看着我，随即又狠狠地点了点头。

三个月后，煎饼真的出国了。出国前，其实他有征求过西瓜的意见。他说："如果你不想我去，我可以不去。"但西瓜只是摇了摇头，说："你一定要去。我不希望你因为我放弃了自己的大好前程。"煎饼当时吓坏了，以为西瓜要和他分手，死活不肯去办签证，最后是西瓜拉着他去办的。她说："就冲你为了我能放弃出国进修的机会，我也一定一定不会放弃你。"

后来，他们开始了长达五年的异国恋。难以想象，五年，异国！这是一种怎样的体验？大概就是，365天里，最多只能见三次面；大概就是，你白天，他黑夜；大概就是，问候要隔着屏幕，思念要穿越整个太平洋；大概就是，如果通信设备丢了或者坏了，互相就联系不上了。

煎饼刚去波士顿的前两年，西瓜简直痛不欲生。对，用痛不欲生来形容一点都不为过。她是多愁善感的巨蟹座，喜欢胡思乱想。她总跑来向我哭诉，她说："你看，他不理我了。他只要一不回我消息，我心里就像爬满了千万只小蚂蚁。我想知道他在干吗，今天和谁说话最多，上了什么课，吃了什么东西，晚上睡得好不好，交了哪些新朋友，住的地方还习惯吗，有没有想我。我想知道好多好多，我想亲眼看见，我想待在他的身边。"

说着说着，她就哭了。看得我都揪心。

我不太会安慰人，只好从桌上抽过十张纸巾递给她，让她拭干满脸的眼泪。

那时候，看好他俩的人并不多。大家都觉得最后他们肯定不会在一起，然而并没有。这中间其实也发生了很多事情，比如说，西瓜毕业后为了煎饼拒绝相亲，差点和家里人决裂；比如说，煎饼为了西瓜差点要休学回国；比如说，中途他们分过两次；再比如说，明年，他们就要结婚了。

我听到这个消息以后，激动得仿佛快要结婚的那个人是我。

不容易，真心不容易。西瓜在电话里哭着对我说，这场爱情马拉松，她终于跑完了。

## 003

我还有一对情侣朋友，橘子和薯片，是我的高中校友。他们是在高一的时候"勾搭"上的，高二瞒着家长和老师开始地下情，高三毕业以后我们才知道他们的"奸情"。

上大学那会儿，他们一个在南，一个在北。橘子经常抽空去看薯片，薯片也经常去看橘子。

大二的时候，薯片差点劈腿。有人说，他看见薯片约了另外一个女孩子吃饭，还一起在图书馆自习。总之，那段时间他俩走得很近。

谣言传播起来的速度超乎你的想象，很快，关于薯片劈腿的言论便甚嚣尘上。没过几天，这话就传到了橘子的耳朵里。当晚，她追去了×城。

我们都以为这次他们会结束，结果两天以后，薯片恢复了正常。他在橘子面前把那个女生的所有联系方式都删了，他说他这么做一是为了证明自己的清白，二是为了让橘子放心。

"嗯，应该这样。"那天一帮女生在QQ群里炸开了锅，说异地恋本来就够辛苦的了，如果连最基本的忠诚都做不到，那这个人就不值得你花心思在他身上。

后来橘子告诉我们，其实当初薯片身处的环境诱惑挺大的。他所在的中文系有好多优秀的女孩子，薯片呢，自身条件也不错。所以如果真的有人下功夫追他，他又定力不足的话，他俩就真的要分手了。

橘子说："我可以原谅他精神出轨，但不能原谅他肉体出轨。精神出轨还有救，但如果自己的身体都控制不了，那就真的没救了。"

原来那天晚上，橘子一没作，二没闹。她只是拉着薯片，跑去学校外面的夜宵摊上吃了一碗拉面。吃完，她问他："你喜欢她吗？"

薯片被她突如其来的问题给问住了，停顿了三秒回答说："不喜欢啊。"

橘子笑了："你别装了，我知道你对她有好感。如果你没有我这个女朋友，你大可大大方方地去追她。可是，你已经有我了，你得考虑一下我的感受。"

薯片坐在橘子对面不说话，橘子继续淡淡地说："三年了，我们在一起三年。你就像是我的家人一样，我对你的感情早已不是单纯的爱恋，而是信任和依赖。我习惯了有你在我身边，即使我们相隔甚远，我依旧觉得我们的心在一起。无论发生什么，我都不会离开你，因为我认定了你这个人。所以，也请你不要放弃我们这段来之不易的感情，好吗？"

橘子说得声泪俱下，薯片听完也哽咽了。他一把搂过橘子，还是什么也没说，只是轻轻抚摸她的头。后来的后来，他就真的和那个女生断了往来，与异性交往时也会特别注意言辞，尽量不让她们产生不必要的误会。

如今，橘子和薯片已经结婚一周年，正在计划生育。

我真的特别特别羡慕这一对，因为我是看着他们从高中开始，到上大学，再到毕业领证的。异地四年对他们来说是折磨，也是考验。在这场爱情测试里，他们没有交白卷，而是得了满分。我真心替他们感到高兴。

## 004

一年一度的光棍节又到了，今早同事跟我开玩笑，她说："其实单身挺好的呀。你看，单身还有专门的节日用来庆祝，双十一从午夜开始便狂欢不断，这就是单身狗的福利。"我说："是呀，单身有单身的快乐，脱单有脱单的烦恼。"倒了杯水刚坐下来就收到两封听众发来的邮件，打开一看，遍地哀伤。

两封邮件都是关于异地恋的，发件人都是男生。

男生A和女友高中认识，高考结束后一个留在了故乡，一个去了外地。两人原本有着聊不完的共同话题，但自从异地以后，见面少了，话题没了，电话那头的沉默让人觉得尴尬无比。前些日子女友的脚崴了，她给A打电话。A督促她去医院，叮嘱她要好好照顾自己。他一个人絮絮叨叨地说了半天，结果女友哇的一声就哭了。她说："你知道吗，最近有个男生在追我。我找了无数个理由在心里拒绝他，可到头来才发现，我根本没法说服自己。因为你不在我身边啊，我想要的，你终究还是给不了。"三天后，她向他提出了分手。

男生B和女友属于抱团取暖的类型。初相识时，他刚结束了一场谈了两年的恋情。她呢，刚向暗恋的人表白被拒。在学校的BBS上，他和她聊上了话。聊着聊着，发现他们惺惺相惜。某天晚上，他问她要了联系方式，没过多久两人便正式交往。彼时，他已经毕业工作了一年，她却还在象牙塔里等着出头的一天。他说起初两人的状态真心挺好的，互相鼓励彼此慰藉，可后来，前女友的出现把他们的安宁扯成了一地鸡毛。女友开始哭闹，她不再信任他了，无论他怎么解释都没用。当争吵成了家常便饭，当恋爱谈到身心俱疲，他向她提出了分手。

看完这两封信，我觉得异地恋似乎真成了一个忧伤的话题。

很多人说异地恋难、成功率低，可我身边分明就有好几对异地恋情侣修成正果。所以说，还是那句话，事在人为。如果信念足够坚定，对彼此足够忠贞，那么，时间和距离就不是问题。而如果一开始就没有下定要在一起的决心，或者没有做好无论如何都要走到最后的觉悟，那分手也是必然的。

就像故事里的A和B，前者是遇到了一个不靠谱的女朋友，后者是双方都不靠谱。

之前有好几个读者在微博上问我异地恋的相处问题，我觉得世上最难的莫过于人心。人一旦想要变心，就会有千千万万的借口。那些冠冕堂皇的说辞和支支吾吾的谎言，都掩盖不了那颗朝三暮四的心。心不定，感情自然就会变得缥缈。

所以，不是爱情经不住时间，而是时间经不起善变。自己太软弱，就不要说现实太残酷。自己的爱情不笃定，就不要说周围有太多诱惑。

## 最合适的感情是彼此陪伴，成为对方的太阳

你可以有你的事业，你可以工作很忙，但请记得回家后给你爱的人一个吻，告诉她你很想她。你可以很霸道，你可以很倔强，但请不要把你的坏脾气当作武器，去伤害与你最亲密的人。最合适的感情永远都不是以爱的名义互相折磨，而是彼此陪伴，成为对方的太阳。

## 001

饼干毕业那年，喜欢上了一个比她大六岁的男人，老张。

老张其实并不老，虽说已经二十八九，但好歹人家也是二字开头，怎么说也是年轻有为、风华正茂的时候。

他是他们公司的运营部经理，而她是他的助理。他们每天一起上班，一起下班，久而久之就产生了感情，发展成了恋人。

饼干说，她就喜欢老张这样的成熟男人，温润如玉、不失干劲，举手投足间尽显高贵气质。

我说，你一定是被霸道总裁类小说给茶毒了，要不然怎么连口味都变了。

她一脸暴走漫画的表情，各种不服写在脸上。

当时，饼干和老张的恋情并不被家里人看好。饼干她妈有些迷信，说恋人之间相差六岁是六冲，不吉利。但饼干还是坚持己见，闹着要和他谈恋爱，家里人拿她没办法，索性睁一只眼闭一只眼成全了她。

他们谈了一年多，本来刚好一个24，一个30，准备欢欢喜喜领证结婚，可故事就要在这里给你一个戏剧性的转折。

有一天饼干把我约出去吃饭。吃到一半，她突然非常平静地跟我说，她和老张已经和平分手了。

我很惊讶，我说："老张不就是你喜欢的那种类型吗？"

她说："是啊，可我感觉，我和他好像不合适。"

饼干说，老张很忙，他把心思都放在了工作上，天天不是开会就是应酬，下了班也不忘和客户老板联络感情。有时候，她想和他打电话聊天，可他总聊不了几句就说自己困了、累了，要睡了。她说她理解他工作辛苦，她知道他很有能力，真的是一个特别上进的男人。可是，最关键的是，她想要的他给不了啊。

她希望能有个人和她分享心情，听她倾诉。她希望在她想到某件事，听到某首歌，看到某部电视连续剧的时候，他能通过她的分享与她产生共鸣。无论是哭是笑、是吵是闹，他在她心里必须是有血、有肉、有温度的。可老张不这么想啊。他觉得在一起就是在一起，那些小事完全可以忽略。他说，他每天有开不完的会，接不完的应酬，哪还有那么多的心思放在这些琐碎的小事上。

所以，饼干和老张的分歧出现了。饼干觉得她没法在精神层面上和老张擦出火花。老张却觉得，是饼干太在意那些细节，恋爱就应该回归于平淡。

渐渐地，两人的话题越来越少，最后不得不分手。

分手的时候，老张对饼干说，他觉得其实他们是有代沟的。比如说，饼干喜欢韩国欧巴李敏镐，老张却连听都没听说过。又比如说，老张和饼干聊足球，提到西班牙球员哈维的战绩，饼干一脸听不懂的样子。

她想要的他给不了，同样，他想要的她也给不了。

老实说，一开始饼干和老张分了我还觉得怪可惜的，因为这年头能遇上一个自己喜欢的人真心挺不容易。但后来我越来越明白，谈恋爱这种事情不是靠最初的感觉或是激情去维持的，而是靠点点滴滴的相处，靠各种各样的细节积累起来的。这相处里面就包括了精神层面的交流和沟通。很多人以为，靠物质维系起来的感情就一定是稳固的，其实不然。缺少了精神层面的沟通，就相当于一个人缺少了精气神，时间一长必定萎靡不振，最终夭折。

### 002

我想起了另外一个朋友的故事。

小鹿是我的大学校友，大二的时候，她认识了苏科大的一枚校草，叫苏科。两人一见钟情，迅速坠入爱河。

他们恋情的开始就像许多小说里写的一样美好。他骑着单车带她去看夕阳，她坐在他身后轻轻环住他的腰。他扛着一个单反和她穷游了十几个城市，他把她的照片挂满了整整一面墙。他说他钟情于摄影，以前一直拍静物，后来喜欢拍她。

那时候小鹿迷他迷得不得了。她说，她从来没见过这么浪漫的男人。她说，她真的好喜欢他。她还说，此生非他不嫁。

可毕业的时候，他们还是分手了。

我一直不明白他们为什么分手，直到今年年初收到小鹿的结婚请帖，我在微信上找她聊天说起这事，她才跟我打开了话匣子。

她说："你知道吗？我和他不合适。"

小鹿说，苏科是个很强势的人，敏感多疑。他喜欢翻看她的手机，查她在网上的聊天记录。他还喜欢说教，一旦她犯了点错他就老揪住不放。他觉得他说的话是建议的性质，可她却认为她不需要他的意见。她不接受，他就喋喋不休。他觉得她太倔，不听劝，不尊重他。她却觉得他自私、霸道、控制欲太强。他们恋爱的第二年，半月一小吵，两月一大吵，几乎就快要崩溃。吵得最凶的一次，苏科竟然动手打了她。

我说："再怎么样男人都不该动手打女人啊！"

"是啊。"小鹿回我说，"他朝我背上狠狠地捶了一记，痛了我三天三夜，连着心。我向他提出分手，当时他死活不同意，跑到我面前跪下来，求我原谅。可是我知道，就在他打我的那一刻，我的心已经死了。"

知道小鹿和苏科的分手原因后，我感觉我整个人都不好了。以前总以为，分手时对方所说的那句"我们性格不合"只是一个借口，可后来我发现，性格不合中的"性格"不仅仅指的是双方的性格、脾气，还包括了双方的处事态度、行为习惯、生活背景、社会经历等。很多人觉得，性格不合不是问题。但问题是，真的出现问题了，性格却显得尤为重要。

两个都很强势的人，很少会在对方面前认输，这必然会造成互不妥协、互不退让的局面。双方都想控制恋爱节奏，都想在恋爱中争取上游，势必会在很多问题上产生冲突，引发争吵。

所幸小鹿毕业后，认识了现在的丈夫高进——一个容易相处、性格随和的人。小鹿说，跟他在一起，她不用担惊受怕，不用遮遮掩掩，更不用想着他会不会吃醋、生气、对她采取冷暴力等。

他喜欢她偶尔的矫情，他也喜欢她偶尔的任性。从前那些她以为会吓跑人的缺点，他都能接受。当然，他们也会吵架。但每次争吵过后，他总会在第一时间保持冷静，等她发完疯以后再过去牵她的手。

"他说他不想看到我流泪，不想看到我谦卑，不想我因为他伤心难过。如果和他在一起的我是不快乐的，那么，他就有错。因为他，我学会了忍耐。因为他，我学会了体谅。我改掉了之前的坏脾气，我还为他学会了做饭。我觉得我们就像两根被拴在一起的弹簧，无论怎么肆意拉扯，最后还是会回到彼此身旁。我永远也不必担心，我们过了今晚就会没有明天。这大概就是合适吧。"她说。

好的恋情不就应该是这样的吗？彼此欢愉，觉得和对方在一起很舒服、很轻松。你知道他不会给你施加压力，你也不会给他制造麻烦。你们彼此独立，却又彼此关心。产生分歧以后，你会和他好好沟通，他会耐心听你把话讲完。你和他说话不用解释半天，他和你聊什么话题你也能听懂。

每个人都想找到那个对的人，每个人都想找一个真正适合自己的人。可这个世界上没有人生来就与你相配。你可以找到一个喜欢你而你刚好也喜欢的人，已经是一种莫大的幸运了。

从前我以为，两个人在一起只要互相喜欢就好，现在才明白，光有喜欢而不去改变是没有用的。一味想着征服，想着对方能成为自己心目当中的样子，最后是修不成正果的。

很多人在分手后都喜欢逃避自己的责任，把错往前任身上推，但如果你们当初下定决心要在一起，就应当拿出点相应的觉悟来。男人多一点关心、包容，女人多一点温柔、体谅。

你可以有你的事业，你可以工作很忙，但请记得回家后给你爱的人一个吻，告诉她你很想她。你可以很霸道，也可以很倔强，但请不要把你的坏脾气当作武器，去伤害与你最亲密的人。

最合适的感情永远都不是以爱的名义互相折磨，而是彼此陪伴，成为对方的太阳。

能沟通时尽量不要吵架；能亲吻时尽量不要说话；能拥抱时尽量不要赌气；能恋爱时尽量不要分手。

门当户对很重要，用心相处更重要。试着去为对方做出一点改变吧，让自己变成一个温暖、温和的人。你要明白，每一次相遇都是奇迹，所以你要好好珍惜。没有人有义务永远站在原地等你，能够等你的都是爱你的人。不要因为一些琐事忽略了对方的感受，等到哪天他头也不回地离开，你再去挽留，一切就都来不及了。

愿你能够找到那样一个人，或许他不是最合适的，但他却愿意为你改变。

愿你们能够相互陪伴，成为彼此生命中的太阳，照亮今后灿烂的人生。

# Part 5

# 愿得一人心，白首不分离

我不想嫁给一个不会令自己心动的人
不想住在那个没有温度的房间
不想天天面对着一张陌生又熟悉的脸
我想嫁给爱情，仅此而已

## 我想嫁给爱情，仅此而已

你不需要长得多高大多威猛，不需要帅得跟吴彦祖一样，不需要非得家财万贯。

你只需要对我负责，能够陪我走完余下的路，承诺对我忠贞不贰，承诺成为我的终身依靠。

## 001

有个姑娘问我："亲爱的，女生到底是应该嫁给爱情，还是房子？"

她说她最近认识了一个男生，对他没什么感觉。但因为他有房子，备受母亲青睐。

母亲希望她能嫁给他，从此不必风餐露宿，日晒雨淋。

什么都比不上有个属于自己的家，不是吗？感情都是可以慢慢培养的。

为人父母，都喜欢这样教育子女。

原谅我是个把情感看得较为重要的人，我还没豁达到可以嫁给一个自己并不喜欢的人。

有房又怎么样？房子没法给我这种人精神上的安全感。

我更看中的，是我们之间是否能够同进步共患难，而不是空有一个能够躲雨的巢穴，心与心之间毫无交流。

我根深蒂固地认为，有温度的才叫家，没温度的叫住所。

002

感情是可以培养的。

你从街上捡回来一只流浪猫，养久了都会有感情，更何况与一个人共同生活多年。

但培养出来的是什么呢？会是爱情吗？

有些人不管和他一起生活多久，你都没法爱上他。

不喜欢就是不喜欢，没感觉就是没感觉。

爱情从来都是这样，没有道理可言。

所以我从不勉强自己去接受一个物质丰厚，但在精神领域无法使我富足的男人。

因为物质上我本就不匮乏。我真正匮乏并渴望的，是精神层面上的东西。

也许是我内心依旧少女，所以重情感大过物质。

我希望日后与我一起生活的人是充满情趣的，与我合拍的，有共同爱好和奋斗目标的。

我希望我们能有话聊，而不是开了两句口就互相觉得厌烦，抑或是坐在一起都会觉得尴尬。

这些很重要，极其重要。

*003*

以前也遇到过那种不令我十分讨厌的人。

身边朋友说，既然不那么讨厌，就在一起试试呗？

我想了想，最后还是拒绝了。

因为我无法忍受余下的几十年里，要跟一个"不那么讨厌的人"住在一块儿，吃在一块儿，甚至睡在一块儿。

当我想这些的时候，就觉得很勉强、很纠结。

中立的态度已经在潜意识里出卖了自己的真实想法。

我突然明白，我并不喜欢他。

原来，有时候所谓的"不讨厌"其实就是不喜欢。

既然不喜欢，那何必装模作样呢？

因为他有一份稳定的工作？因为他是经济适用男？因为嫁给他就能保障我今后的生活了？

谁敢打这个包票呢？估计连当事人自己都不敢。

## 004

我很庆幸自己还有选择的权利，至少我父母一向很开明。他们不会强迫我嫁给一个自己并不喜欢的人，也不会给我设定期限，认为二十五六岁就一定是出嫁的年纪。

我想我现在的状态，处于马斯洛需求层次理论中的小康阶段，即追求价值感与归属感的阶段。我不必为温饱担忧，不必通过婚姻去改善我的生活条件，更不必在一个需要奋斗的年华里让自己陷入两难。

物质不完全是爱情的保障。

有些恋人一世清贫，却彼此珍视，情深似海。

有些人谈了很久的恋爱，到头来互相算计，一拍两散。

这样的例子比比皆是。

## 005

我有个朋友，前两年结婚时出了点事故。

她妈希望男方给六位数的彩礼，可男方只给了五位数。

于是她妈不干了，嫌男方给的彩礼少，没诚意。

男方呢，索性一拍大腿，说你能接受就接受，不接受就拉倒。

朋友哭哭啼啼地来找我诉苦，说自己委屈、伤心，还觉得特丢脸。

我这个朋友，一向没什么主见。男友也是三姑六婆给介绍的，认识不到几个月就张罗着结婚、订酒席，就跟赶鸭子上架似的。

我跟她男友见过一次面，三个人一起吃了顿饭。他俩全程无交流，特别怪异，弄得我也挺尴尬，一直找话题聊。

就这样两个没什么感情基础的人被强行撮合在一起，不出问题才怪。

所以，最可悲的是那些没得选的人。

朋友说两句，就找个人随便恋爱了。

父母说两句，就找个人随便嫁了。

到最后，既没嫁给爱情，也没嫁给物质。

图什么呢？徒留一生遗憾。

## 006

还是跟着心走，跟着自己的感觉走吧。

为什么要强迫自己去做一个错误的决定呢？

房子、彩礼都没法给你安全感，除非你是个重物质大过感情的人。

有时候我觉得女孩子想要的特别简单，不就是想找个疼自己的男人好好过一辈子嘛。

他不需要长得多高大、多威猛，不需要帅得跟吴彦祖一样，不需要非得家财万贯。

他只需要对我负责，能够陪我走完余下的路，承诺对我忠贞不贰，承诺成为我的终身依靠。


旧社会时期，女人需要通过婚姻来改变自己的命运。

而如今，命运掌握在我们自己手中。

我不想嫁给一个不会令自己心动的人，不想住在那个没有温度的房间，不想天天面对着一张陌生又熟悉的脸。

我不希望自己的婚姻成为一场交易，更不希望因为到了适婚年龄害怕被剩下就出卖自己。

我想嫁给我喜欢的人，我想嫁给懂得疼惜我的人。

我想嫁给爱情，仅此而已。

## 我们永远都有为自己人生做主的权利

在这个节奏愈发急促的年代，我们能做的，是尊重自己的选择，不轻易在现实面前妥协，不违背自己内心的意愿。我的青春我做主，我的人生我埋单，我想要我自己的人生。

## 001

前些日子公司聚餐，大家都在感叹岁月飞逝，转眼间又快过年了。

我正低头默默地剥着虾皮，身边一个同事突然峰回路转地把话题扯到了我身上。她说："你都老大不小的了，怎么还不结婚啊？"

我有些尴尬，笑笑说："不急。"结果她一把拉住我胳膊，语重心长地教育起来。

她说："女孩子不能晚婚，晚婚会错过最佳生育年龄。"

我说："其实吧，我还想趁年轻再多奋斗几年。"

她一脸惊讶："结婚以后照样可以奋斗呀。就是因为你现在还年轻，所以要早点结婚，难道等你成了老姑娘再结不成？"

我听得心里发躁，但又不想与她争辩什么。她见我保持沉默，以为我完全认同她的观点，于是又拉着我开始和我谈生育，简直就跟噩梦一样。

同事口若悬河，越说越起劲。她摆出一副非要给我洗脑的样子，满脸的"我都是为你好，不要跟我犟"。讲到高潮时，表情愈发变得凝重，口中的唾沫星子也飞得到处都是。

我勉为其难地听完了她的絮絮叨叨，头皮一阵发麻，心里想着：究竟关你什么事？

## 002

有个前同事，隔三岔五会跑来我的朋友圈留言。

我发张图，她要留言；我发条状态，她要留言；我分享文章，她还是要留言。

原本收到留言是一件挺开心的事，可如果每条留言都和催婚有关，你还会觉得这是一件令人愉快的事情吗？

她的留言要么就是"有对象了吗"，要么就是"谈多久啦"，要么就是"什么时候结婚啊"，要么就是"怎么还没结婚啊"。

真是够了！

我有没有对象，谈了多久，什么时候结婚，不应该是我自己的事情吗？为什么非要打着关心的旗号进行无休止的盘问？我跟你很熟吗？

这世上存在着这样一群人，他们自以为出发点是好的，可实际上只是爱八卦、瞎操心。一次两次无可厚非，但次次如此，不免令人顿感厌恶。

你一定也曾被人盘问过类似的问题吧？当回答说不急的时候，你总会遭到一连串的狂轰滥炸，好似单身、未婚是一种社会公害，人人得而诛之。好似女生过了二十五就非得一只脚跨入婚姻，否则就活该沦为"剩女"。

到底是谁赋予了催婚者审判我们的权力？

003

我有个朋友，大学期间父母强烈反对其恋爱，于是四年里她拒绝了众多追求者，一直扮演着乖乖女的角色。毕业后，顺父母意相亲，相处不到半年结婚。结婚那年，她刚满23岁。

后来又过了半年，她顺利地怀孕生子，朋友圈发布的内容也从美食美容变成了宝宝的小视频，以及一些育儿方面的文章。

一次，我在朋友圈晒旅游照，她在照片下面留言，回了一个哭的表情。我很讶异，问她怎么了，她说她觉得特别不开心。

"原来一个人的时候自由自在，也和你一样喜欢到处去玩，活蹦乱跳得像只袋鼠。可现在的我，孩子成了最大的累赘，让我没有办法抽开身去做我自己想做的事。"

"真羡慕你。"她说，"你还有梦想，你还有未来。而我，已经没有了。"

我劝她别太消极，可她却又自顾自地说道："婚姻没有那么简单，也没有那么容易。当初我考虑了我爸妈的感受，考虑了身边人的感受，唯独没有考虑自己的感受，按部就班地结婚了。我把一切都想得很简单，可当孩子出世以后我才发现，自己还没有做好当妈妈的心理准备。你知道现在养一个孩子多费钱吗？光奶粉、尿不湿就能抵我一个月的工资。我和丈夫赚得都不多，压力特别大。"

朋友跟我聊了一个多小时，在这期间跑去哄了小孩三次。她向我抱怨，丈夫是三班倒，根本没空管孩子。她正考虑要把工作辞了，全职在家带孩子。

我问她："你觉得你爱你丈夫吗？"

朋友大概从没想过这个问题，过了好长时间才回我。她说："谈不上爱吧。只是当初父母说，这个人和我比较合适、靠谱，于是就嫁了。"

我突然想，到底是从什么时候开始，结婚变成了一个任务？女人变成了一种生育工具，要被所有人催着去嫁给一个自己并不是很喜欢，甚至并不太了解的男人，去为他忍受分娩时二十根骨头同时骨折般的痛苦？

如果结婚不是因为爱，那究竟是为了什么呢？

004

我们好像永远都活在阴影里。

上学的时候不被允许谈恋爱，十六年寒窗苦读好不容易毕业，又被催着恋爱、结婚、生育，一切就像是被安排好的。可安排好这一切的人，不是你。

我还有一个朋友，最近快要被她妈给整崩溃了。

两年前谈了个男朋友，带回家，她妈不同意，偏要棒打鸳鸯。现在倒好，逼着她各种相亲。今天张三明天李四，她说她都快要相吐了。

"那些人根本不适合我。"她说。

"我也不想和他们谈。"她又说。

"我妈根本就不懂，她老想替我做决定，她老觉得我还是个孩子。我选的人都不对，她选的人一定适合我，一定会一辈子对我好。可她从来没想过，那些人我真的不喜欢啊。你说，她凭什么剥夺我选择自己人生的权利？"

我抬了抬头，回她说："就凭她是你妈。"

"凭什么啊！"朋友说，"难道我随便找个人结婚以后就会幸福了吗？难道只有结婚、生子才是尽孝的方式？那以后万一我过得不好，过得不幸福，谁来替我埋单？"

我看了看她，无奈地摇了摇头。

她说她妈常对她说的一句话就是："隔壁家的谁谁谁条件还不如你，前两年都嫁出去了，现在小孩都能打酱油了，你还不赶紧的！"

朋友说她觉得好笑。结婚是赛跑吗？非要争个第一第二？结婚是打折促销吗？非要来个买一赠一？都说孩子是爱的结晶，可如果你和一个不爱的人结婚并有了小孩，那小孩算什么呢？那根本不是爱的结晶，而是累赘！

我默默地点了点头，竟无力反驳。

是啊，如果结婚只是为了完成繁衍的需求，或者，结婚只是为了满足上一辈的攀比心理，那实在是毫无意义啊。

005

如果说父母的催促是因为面子，那么旁人的催促便是因为无知。

这年头催婚的人好像都不嫌事儿大，整天苦口婆心地给你灌输一些急不可耐的思想。单身的时候催你赶紧找个对象，生怕你孤独终老。有了对象以后又催你赶紧结婚，生怕你嫁不出去。最后好不容易结婚了，他们又开始催你赶紧要孩子，生怕你不孕不育。

他们从不问你喜欢什么类型的异性，从不问你想要什么样的生活方式，从不问你想要的是怎样的人生。他们只会一个劲地催催催，仿佛你只要按照他们的思维去做，就会幸福美满一样。

可事实真的是这样吗？

那些迫于压力草草结婚的人，现在真的开心吗？有多少是硬着头皮在过每一天，又有多少是在凑合着过日子？草草结婚，顺应了催婚人的意，却没能保证当事人婚后的生活质量。

催婚人总说，结了婚就安定了，结了婚就有保障了。那么请问什么是安定，什么是保障？结婚如果能和"安定""保障"画上等号，就不会有那么多离婚的人了。

试问，如果哪天我们真的过得不好了，催婚的人会站出来吗？不会。他们早就忘了自己曾经说过什么、做过什么了，哪还会对我们的人生负责。况且，他们也没法对我们的人生负责。

所以说，那些催婚的人要么就是居心叵测，要么就是闲得没事干，才会整天去催别人快点结婚。

## 006

其实不管是婚姻还是生活，都是一件冷暖自知的事情。

今天我和谁恋爱了，能不能和他走到最后，会不会和他结婚，以及何时会和他结婚，这都是我们自己的事情。对这件事情能够做出判断与决定的，也必须是我们自己。

必要的建议可以参考与接纳，但那并不代表我们就要因此失去选择的机会和权利，也并不代表过来人的建议就完全是正确的。不是吗？

比如说：结婚要趁早。

谁规定年纪轻轻就一定要马上结婚？物质条件尚且不够理想，拿什么谈将来？要知道，现在做什么都需要钱。恋爱需要钱，买房需要钱，结婚办酒席需要钱，小孩出世以后更需要钱。如果不趁现在好好奋斗，难道以后要啃一辈子的老吗？再者，许多人心态还没有调整过来，自己还是个孩子，怎么对下一代负责？

没有做好充分的心理准备就不要结婚，没有经济实力承担起抚养下一代的责任就不要结婚，没有牺牲小我完成大我的觉悟就不要结婚。结了也是遭罪，结了也是悲剧。

我总觉得，结婚再怎么说都是一件大事儿，马虎不得。它决定了我们下半生将会与谁度过，并且决定了我们的下半生将会以什么样的姿态度过。

下半辈子不是催婚的人在帮我们过，而是我们自己在过。

也许你现在还是单身，也许你现在正在谈但仍旧未婚，这都不要紧，要紧的是，你不能因为别人的几句话就乱了方寸，更不能因为他们的催促让婚姻变成一种交易、一种模式，那样真心没意思。

催婚的人不要随意对他人的人生指手画脚。年轻人有年轻人的思维，年轻人有年轻人的活法，年轻人有年轻人的责任与担当。我们不是棋子，不需要任人摆布。我们有血有肉有思想，重要的是，我们永远都有替自己的人生做主的权利。

## 我最怕的是，我们都没有办法接纳对方原本的样子

其实，我们应该给自己多一点的时间去适应这个世界，适应出现在我们身边的每一个人。把接纳留给我们想接纳的人，把迎合留给我们想迎合的人，难道不好吗？

## 001

临近年关，身边许多人都开始变得诚惶诚恐。

尤其是一群至今还单身的人。

似乎只要是未婚，每年都必将经历一次这样的洗礼。

七大姑八大姨会一边嗑着瓜子儿一边苦口婆心地问你：

谈恋爱了没有哇？

怎么还是单身哪？

什么时候把对象领回来看看呀？

准备什么时候结婚啊？

……

一想到过年即将面对如此一番狂轰滥炸，整个人从头到脚都开始不好了。

朋友伊杉就是在亲朋好友施加的压力下和巴图开始的。他们相识于一场相亲，介绍人是伊杉的姑妈。

"杉杉，那男孩真心不错。你看，他有车有房，工作又稳定。"

"事业编制诶！上哪儿找去？"

"我看哪，就这个吧。你别挑三拣四的了，别和我说什么不想将就、不想凑合。这过日子和谁不是过啊，找个让你爱得死去活来的人，不如找个能够让你锦衣玉食的人。"

"我跟你说啊，你别不听我劝，我可都是为了你好。"

伊杉早就已经习惯了姑妈的唠唠叨叨。

她知道，姑妈是她妈请来的救兵，为的就是把她从家里名正言顺地"撵出去"。

既然她们这般良苦用心，那我就勉为其难地应付一下。伊杉想。

伊杉和巴图正式交往了，以结婚为目的。

他们隔三岔五地出去约会、吃饭、看电影、逛街、散步。

他给她送夜宵、接她上下班、督促她早睡、每天跟她说晚安。

在旁人看来，他对她那么体贴入微。

"伊杉，嫁了吧，这样的好男人哪里去找？"
"伊杉，别犹豫了，明年你就27了，你不急我们都替你急。"
"伊杉，赶紧结婚，我们都等着喝喜酒了。"
"伊杉，恭喜你，找到对你这么好的男人。"

不知怎么的，每当听到身边的人说"这么好的男人哪里去找"时，她就一阵反感。

明明和他相处才不到半年的时间，怎么就能看出一个人的好坏了？

对伊杉来说，那些浮于表面的美好只是一种按部就班的程序，让她觉得极其不真实、不自然。

"你知道吗？我最怕的是，他没有接受原原本本的我。"伊杉说。

"我怕他对我好不是因为喜欢我这个人，而是同我一样迫于家庭的压力。或者，他只是想快点找个人结婚，把婚姻当成一个任务。那种完全不走心的模式化婚姻，并不是我想要的。"

### 004

这世上很多东西都可以被模式化，但爱情不可以。

都说相亲是自取其辱，可多少人是因为无奈才让自己走上了这条不归路。

当所有条件变成两个陌生人是否能够交往的筹码时，我们的内心就会产生无数个问号。

"他到底是不是真心待我？"

"她到底是看中了我的人，还是看中了我的钱？"

"其实，我一个人在家的时候又懒又丑从来不做家务，他知道了会不会嫌弃我？"

"其实，我抽烟、喝酒、不爱洗澡、没事做就喜欢往被窝里钻，她知道了会不会不理我？"

我们一边担心着，一边遮遮掩掩着，生怕下一秒被对方看穿。

我们深知，相亲使我们认识的方式变得生硬而肤浅，被快速撮合下的感情也脆弱到不堪一击。

也许哪天我毁容了，你破产了，我们就会一拍两散。不是吗？

005

你一定也曾有过这样的烦恼。

家里给你介绍对象，安排了相亲。

**你认识了一个不好不坏的人。**

从坐下来的那一刻起，你们就被迫交换了双方的联系方式。碍于媒人面子，迫于家长催促，你们有一搭没一搭地聊上了。

没过多久，约好再一次见面。

然后吃饭，然后看电影，然后散步，然后牵手，然后做一些正常情侣间该做的事情。

身边人都觉得你恋爱了，高兴得就跟中了十万元彩票似的。说他彬彬有礼，说他笑容可掬。

只有你自己知道，你在害怕什么。

你怕一切来得太快，没有时间去适应。

你怕成全了周围所有人，唯独没有成全自己。

你怕现在的他戴着假面具。

你怕你们没办法接纳对方原本的样子。

因为没有把握，所以才会害怕。

## 006

其实，我们应该给自己多一点的时间去适应这个世界，适应出现在我们身边的每一个人。

不是随便谁靠近我们，我们都必须学会接纳。

不是随便谁讨好我们，我们都必须学会迎合。

把接纳留给我们想接纳的人，把迎合留给我们想迎合的人，难道不好吗？

为什么非要强迫自己呢？

比起不能锦衣玉食，我知道你更怕的是不能交心。

## 幸福有时会迟到，但它从不缺席

其实你不用过分担心，因为总会有那样一个人，他会在适当的时间出现，走进你的世界。只要你的心门没有关闭，只要你有足够的耐心去等，只要你还相信爱情。

## 001

布丁小姐在遇到黑糖先生之前，从未想过她会遇见他。

说起他俩相遇的桥段，简直就和拍电影一样。

有一天布丁小姐刚下班，下楼发现外面好大的雨。她尴尬地站在写字楼出口，抬头望着天空发呆。几秒钟后，她将公文包举过头顶，一个箭步往园区大门冲去。

大概是头压得太低，只顾着脚下，她压根儿没注意到从左侧开来的一辆黑色SUV。

只听见一声清脆响亮的鸣笛，随后一个急刹声，布丁小姐猛地一个回头，趔趄了一下，摔了过去。

车上下来一个斯斯文文的男青年，穿着白衬衫和黑西装，看起来很职业。

他快步走到布丁小姐跟前，真切地询问她有没有伤着，要不要去医院。

布丁小姐摆摆手，挣扎着站起来。她的裙子和鞋子都湿了，右手掌撑下去的时候磕到了小石子，划了一道口子，在不停地流血。

男青年见状，执意要送布丁小姐去医院包扎。布丁小姐婉言拒绝，说不关他的事，是自己不小心。结果男青年二话不说，拉着她就上了车。

后来他们就算认识了，原来男青年叫黑糖先生。原来黑糖先生和布丁小姐在一个园区工作。

布丁小姐说："以前我怎么就从来没见过你？"

黑糖先生笑笑说："这不今天就见着了嘛。"

有些事情真的很奇妙。在遇到黑糖先生以前，布丁小姐从没想过自己会恋爱。她每天朝九晚五地工作，圈子小到除了闺密就是发小，几乎全是女性。眼看着老大不小的了，一直没有男朋友，连她家的邻居都跟着着急，每次见到布丁小姐她妈都会苦口婆心地说一些"女大当嫁不当留"的话题。结果当然就是布丁小姐天天回家被洗脑、被催促。

三姑六婆倒也不闲着，隔一阵子就会上门做媒。好像所有人都在急，急得像热锅上的蚂蚁，就布丁小姐自己不急。

她妈见她永远是温吞水、半吊子，根本没把人生大事放心上，就问她："哎，我说你怎么就一点不着急，能长点心不？你说你今年都多大了！"

结果布丁小姐窝在沙发里，边吃薯片边按着遥控器换着台，嘟嘟嚷嚷地说："今年我28，还是一枝花。"

话音一落，没把她妈给气死。

## 002

要说布丁小姐怎么会老大不小还没有男朋友，这就要追溯到她之前几段坎坷的感情经历了。

大二那会儿，系里一个花美男追她。她少不更事，喜欢他无可挑剔的容颜，就答应了。后来经鉴定，渣男一枚。于是在很长一段时间里，布丁小姐对花美男过敏，以至于当三个舍友都在追捧小鲜肉，为他们发狂、发花痴的时候，她都面无表情，目光呆滞。

临近毕业，布丁小姐找了家律师事务所实习。她最终告别了校园，告别了青春，同时也告别了花美男留给她的噩梦。

日子过得不好也不坏，直到多金先生的出现，打破了她平静的生活。

他们恋爱了，热烈又疯狂。

多金先生给了布丁小姐从未有过的浪漫与甜蜜，她觉得自己每天就像活在童话故事里。

清晨的morning call，傍晚的专属司机，还有睡前的晚安心语。她一度觉得多金先生就是那个对的人。

可好景不长，当多金先生牵着她的手带她见父母的时候，他们遭到了男方家长的强烈反对。理由是，布丁小姐家庭普通，不是C城人，没有本地户口。

多金先生最终没能说服父母，他叫布丁小姐辞了工作，以后就扎根在C城。可布丁小姐念家，不想留在C城。为这事，多金先生和布丁小姐大吵一架，布丁小姐欢喜的心跌入了谷底。她买了张地图回家，摊平放在桌上。盯着C城与A城之间的距离——真的好远。

在爱情和距离面前，她第一次退缩。

从C城回来后，布丁小姐被安排认识了相亲先生。两人约好在咖啡厅见面。

相亲先生说话直接，开门见山。他问布丁小姐的身高、职业、收入、家庭背景，问题接二连三，可就是不问她的喜好，不聊彼此的三观。布丁小姐觉得无聊透了。

在家人施加的压力下，布丁小姐被迫和相亲先生交往了一个礼拜。终于在某天，发出去的消息石沉大海后，结束了这段尴尬滑稽的关系。

### 003

布丁小姐和黑糖先生讲自己这几段感情经历的时候，带着戏谑的口吻。

那天他们约好一起爬山，爬到山顶的时候，两个人都累得气喘吁吁。黑糖先生掐着秒表说："你输了，我比你早0.3秒到达山顶。"

布丁小姐上气不接下气地说："咱们还能愉快地玩耍吗？"

黑糖先生哈哈大笑："看来是不能了，说好输的人要回答赢的人一个问题的。"

他们找了个地方坐下来。

黑糖问起布丁："为什么一直没有男朋友？"

布丁小姐仰头看着天空说："我以前压根儿就不相信爱情。也许是因为看过了太多分分合合，见过了太多吵吵闹闹，我觉得爱情这东西太累，折磨人。"

20岁的时候遇到渣男，她懵懵懂懂却也撕心裂肺。22岁的时候热恋夭折，第一次明白，距离根本产生不了美。24岁到26岁不停相亲，变得越来越现实，渐渐忘记了应该怎样去爱别人。直到习惯了一个人吃饭、旅行、看书、写字，习惯了一个人的生活，内心干涸的土地也就疏于浇灌。时光荏苒，一晃也就28了。

黑糖先生看着布丁小姐的侧脸，沉默不语。原来，布丁小姐才不是一个没有故事的女同学。

说不上为什么，那天之后黑糖先生变得很主动，他时常会在上下班时间开着那辆黑色SUV出现在她的写字楼门口，时常会有意无意地关心她的起居，时常会把她逗笑，时常会拉她出去饱餐一顿。

布丁小姐知道他对她有好感，可她仍旧不确定。禁锢了多年的心突然开始悸动，这让她慌乱。她害怕受伤，所以将自己层层包裹起来，被动又小心翼翼。

或许她确实是心动了吧，要不然看到他的车停在楼下，她为何会莫名地紧张，而后又莫名地笑出了声？连她自己都不知道，黑糖先生已经一点一点地走进了她的生活。

如果说，一开始的不确定是为了试探对方是否真心，那么时间显然就是最好的证明。

他不介意她偶尔的冷淡，不介意她向他要小性子，不介意她以为他会介意的那些点。他从不会做让她感觉憎恶、讨厌的事，在她最需要安慰的时候，他总能适时出现，给她一个可以依靠的肩膀。她往后退一步，他就向前进一步。

## 004

年末的时候，布丁小姐和黑糖先生在一起了。过程并没有像小说里那样矫情，也没有像韩剧里那样梦幻，只是再朴实再普通不过的牵手而已，可她却觉得无比浪漫。

有个人能在大冬天的晚上，把自己冰凉的小手塞进他的大衣兜里，本身就是一件让人心头一暖的事情。更何况，他是她深爱着的人啊。

因为他的出现，她不再自我放逐，不再心灰意冷，不再口是心非。因为他的温暖，她心头的坚冰一点点地融化，滋润了干涸，也让她变成了一个爱笑的姑娘。

婚前的单身party，布丁小姐在KTV里点了一首张靓颖的《终于等到你》，唱着唱着，她就哭了。

曾经，她也被寂寞追着跑。每个孤单的晚上，她总与失眠共舞。她何尝不想找个人厮守到老，可喜欢的人不出现，出现的人不喜欢。不想随随便便开始，更不想变得滥情，于是就任由时间的钟摆敲打着自己内心的骄傲。嘴上说着单身挺好，心里却特别想要遇见那个能真正对自己好的人。

从20岁等到24岁，从24岁等到28岁，布丁小姐差点儿就要放弃了，她早就在等待里消磨掉了自己所有的激情。好在，在她青春的尾巴上，她遇见了他——一个愿意真心待她的人。

一切就像做梦一样，来得好快，但又仿佛是冥冥之中被安排好了。

如果那天没有加班，她就不会错过最后一班公交；如果不是因为错过了最后一班公交车，她就不会那么着急着想赶回家；如果不是因为着急着想赶回家，她就不会冒着大雨，压低了头往大门跑；如果不是因为压低了头往大门跑，她就不会一不小心撞见了他；如果没有如果，她便不会和他开始。

布丁小姐终于明白，该来的它总会来，只是有可能会晚点。就像航班延误，就像大巴误点。但过了那个时间段，飞机依旧要起飞，大巴依旧要发车。所以，你焦躁没用，气馁没用，怎么着都没用。对的人没出现不是任何人的错，只是因为时机不对。当你把心安定下来，当你收拾好内心再出发，当你干脆选择待在原地耐心等待时，上天会在你不经意间将他带到你的身边。

这就是缘分。

有人说，爱情遥不可及。有人说，单着单着就真怕幸福再也不会来敲门了。我觉得爱情不分早晚，遇见才分早晚，爱情只有好坏。爱对了人，你的世界将会晴空万里。爱错了人，天天都是雷阵雨。

茫茫人海，遇见真的不容易。有些人的遇见来得早，有些人的遇见来得晚。来得早的并不意味着一定就能够走到最后，来得晚的也并不意味着注定失败。

年轻时候的爱情多半稚嫩，所以容易夭折。折腾累了，纠缠够了，心也就收了。

也许你在年轻懵懂的时候谈过几场轰轰烈烈的恋爱，经历过各种分分合合，你觉得自己这辈子都爱够了，再也不想涉足感情半步。但缘分该来的时候还是会来的，就像布丁小姐与黑糖先生的相遇，没有一点点防备，没有一丝丝顾虑，他们就这样出现在彼此的世界里。

从前单身时，总听身边的长辈念叨，他们说缘分该来的时候自然会来，挡也挡不住。我半信半疑，时常没事寻思另一半到底何时会出现，可越寻思心情越乱。后来，在某个阳光明媚的日子里，我遇见了Z先生。那并不是谁刻意的安排，只是凑巧，只是偶然。他就那样悄无声息地从天而降，不早不晚，刚刚好。

所以，其实你不用过分担心，因为总会有那样一个人，他会在适当的时间出现，走进你的世界。只要你的心门没有关闭，只要你有足够的耐心去等，只要你还相信爱情。

身边很多以前嚷嚷着"我再也不相信爱情"的人，现在恋爱的恋爱，结婚的结婚。许多人曾经扬言自己非谁不娶，自己非谁不嫁，可分开后，多年过去了。当时间冲淡了不好的回忆，冲淡了那些草长莺飞的日子，你还是会选择接受现实，选择认识新的人，开始一段新的恋情，重新拥有新的生活方式。

　　谁也不知道未来会发生什么，你会遇见怎样的人，发生怎样的事。谁会爱上你，你又会嫁给谁。但我始终相信，我们都会找到自己的归宿。

　　幸福有时会迟到，但它从不缺席。

## 该遇见的人，终究还是会遇见

该来的终究会来，该发生的终究会发生，该遇见的人，终究还是会遇见。你要相信，就算隔着天涯海角，就算面临艰难险阻，不早不晚，他终将会出现在你的生命里。

## 001

大一进学生会那会儿我认识了一个姑娘，名叫木槿。

我俩因为都喜欢Jay的歌而变得熟稔，私交甚好。那时候她最爱听的一首歌叫《一路向北》。她常常戴着耳机一个人坐在空空的教室里听歌，闭着眼的样子看上去有点忧伤。

我一直觉得奇怪：为什么她的MP3里只有一首歌？

有一天晚上我们在一起彩排节目，休息期间木槿接到了一个电话。我看到她皱了皱眉，慌慌张张地跑出去。后来，整个排练过程她都心不在焉，感觉跟没了魂儿似的。

回去的路上她一路无话，脸色凝重。我小心翼翼地问她怎么了，结果她说："你害怕离别吗？"

我抬头看了看她，发现她的眼角有一丝湿润。

"他要走了，后天下午两点的飞机。那通电话是他打来特地向我告别的。"

木槿口中的他，是一个叫作大天的男生。他们从小一起长大，青梅竹马，他们陪伴了彼此大半个童年。别人家的小女孩都乖乖在家玩娃娃，她却跟着大天一起出去疯，一起在家里打游戏、看动画片。他们爬过两米多高没有防护的墙壁，进过大卡车后面的翻斗，抓过蜻蜓，钓过龙虾，挖过地砖下的蚯蚓，玩过蛤蟆。在家时，就乐此不疲地玩着大富翁，看着奥特曼，或者只是满屋子乱跑，把床当作蹦蹦床一样乱蹦。

木槿说，大天总是把所有好玩的、好吃的都跟她分享。在她的记忆中，大天就是邻家大哥哥，总会像变戏法似的给她变出好多稀奇古怪的东西，带给她惊喜。

由于两家住得近，上学之后，大天经常送木槿回家。说来也巧，小升初，初升高，他们虽然不是同一届，但却一直在同一所学校上学。

高考结束后，大天以高分被某名校录取，这就意味着以后他再也没法送她回家了。

木槿很失落，她暗暗发誓一定要和大天考取同一所大学。

*002*

这世上很多事都没有那么凑巧，毕竟不是电视连续剧。

木槿最后还是没能和大天上同一所大学。

暑假的时候，大天约木槿吃饭。他告诉她，他就快出国了，叮嘱她以后要按时吃饭，去了大学要好好照顾自己，多交点朋友，别让自己太孤单。

木槿一边难过一边想：你都走了，我怎么才能让自己不孤单？

原本以为大天会像电影里的男主角那样，将女主角一把抱住，然后在她耳边轻轻说一句"等我回来"，可现实世界里他并没有这样做。他只是捏了捏她的脸，笑笑说："别伤心啦，我又不是不回来了。"

003

大天终究还是登上了去美利坚的飞机，后来每隔两个月会寄一张明信片给木槿。木槿呢，还是喜欢听周杰伦的《一路向北》。那时候流行人人网，木槿时常会登上去看看大天的主页，偶尔在他发的状态下留言，时间就这样匆匆溜走了。

很快就到了大四，那阵子大家都在忙着写论文、找工作。

曾经有个男生在宿舍楼底下摆心形蜡烛向木槿表白，结果被拒。有个男生追了她两年，每年生日都给她买礼物，她不为所动。我们几个都说木槿傻，她却说："我只是不想耽误人家。"

她拒绝了很多人，对外宣称自己要以学业为重。只有我知道，她是因为大天，她忘不了他。

每个暗恋过的人应该都明白，当你心里装着一个人的时候，他就是你的全世界。他就那样潜移默化地影响着你的一言一行，影响着你的思绪，影响着你浑身上下的每一个细胞。你下意识地拒绝所有向你示好的人，困惑为什么他会让你觉得无可取代。你不知道你只是没发觉，其实从你们相遇的那一刻起，他的一颦一笑就早已化作一颗情种，在你的心里生了根，发了芽。

004

毕业那天，下起了雷阵雨。我和木槿都没带伞，只好躲在绘客书店里等雨停。她问我毕业后有什么打算。我说："大概会离开这里吧，父母让我回家。"她抬头看了看我，没再说话。我看到她的眼神变得有些暗淡。

"我们还会再见面的。"我说。我总感觉，我们还会再见面。

她怔怔地看着我，再一次问道："你害怕离别吗？"

我想了想，回答她说："怕。因为离别让人很没有安全感。你不知道什么时候会再相见，你不知道时间与空间的阻隔是否会把原有的一切都冲淡。但是，光害怕是没有用的，不是吗？该来的终究会来，该发生的终究会发生，该遇见的人，终究还是会遇见。我始终这么相信。"

"希望如此吧。"她笑笑说。

## 005

回家以后，我开始了自己全新的生活，找了一份不算好也不算坏的工作，有了新的朋友圈。虽然和木槿的联系渐渐少了，但我们彼此牵挂的时候，还是会通个电话好好聊上几句。

那天电话里木槿告诉我，这几年她成长了许多。原先那个惧怕分离的爱哭鬼，现在已经学会了坦然面对。

她说在C城工作的两年里，时间的巨浪曾一度冲淡了她对大天独有的回忆。时差让她和大天之间的距离忽近忽远，仿佛永远有着一条无法跨越的鸿沟。从热络到寒暄，从寒暄到杳无音讯。几次发送消息石沉大海之后她便不再执着，而是把热情投向事业。

我说："那时候你是打算放弃了吗？"

木槿回答说："不，不是放弃，我只是选择了等待。因为你曾经对我说过，该来的终究会来，该发生的终究会发生，该遇见的人，终究还是会遇见。所以我选择相信。"

后来的后来，大天回国，木槿去接机。

人群中，她一眼就认出了他，高高瘦瘦，眉眼灿烂。她兀自帮他接过行李，打趣地说："怎么几年不见你变老了许多。"他只是笑笑，没有说话。顿了顿，他说："木槿，我回来了。"短短六个字，听得她鼻子发酸。

她说："你知道吗，我有好几次以为你失联了。"

他上前将她拥入怀中，轻轻跟她说着对不起。

大天说他这些年过得并不好，一个人身处异乡，总觉得自己和异乡格格不入。刚到的时候心里难免有落差，水土不服、语言不通、方向感太差等问题困扰着他，让他没有办法再分心。有阵子，他专心致志搞研究，每天做实验做到大半夜，直到回家的时候才想起手机已经没电了。他说他曾经害怕过，怕她会忘了他。纵使在别人眼里，他是那么优秀、那么闪耀，可只要一想起她，他就会惊慌失措。他不敢对她承诺什么，更不敢让她等他，因为他觉得承诺太虚妄，誓言太虚假。

"如果不能待在你的身边照顾你，那承诺和誓言又有什么用呢？"他说。

木槿愣住了，她从未想过自己喜欢了多年的人其实也在喜欢着自己。原来过去的那些小心翼翼是因为太在意，过去那些战战兢兢的试探是因为不确定。

想着想着，木槿破涕为笑。还有什么事情比互相喜欢更值得高兴的呢？误会解开了，她觉得无比轻松畅快。

"以后你可不许再轻易离开了。"

"好。"

盛夏时分，我受邀参加了木槿的婚礼。途中路过一个公园，看到了成片的木槿花。

阳光下，它们尽情盛开，盛放的，含苞的，形态不一，却各有千秋。看着看着，我就出了神。后来因为机缘巧合，结识了一位花店老板娘之后我才知道，原来木槿花的花语是温柔的坚持。

百度百科对木槿花的花语是这样解释的：木槿花朝开暮落，但每一次凋谢都是为了下一次更绚烂地绽放。就像太阳不断地落下又升起，就像春去秋来四季轮转，却是生生不息。更像是爱一个人，也会有低潮，也会有纷扰，但懂得爱的人仍会温柔地坚持。因为他们明白，起起伏伏总是难免，但没有什么会令他们动摇自己当初的选择，爱的信仰永恒不变。

见到木槿时，她已身着一袭洁白婚纱，款式很新颖，将她苗条的身材勾勒得恰到好处。我微笑着上前与她拥抱，轻轻在她耳畔说："看，我们又见面了。"她捏了捏我的手，对我说了三个字——"谢谢你"。

## 008

有时候我们喜欢一个人，总想立即与他在一起，如若未果，难免会有些懊恼。

你觉得等待是一件缥缈无常的事，等待会让你耗尽精力，使你害怕未知的结果。可是，当初没有马上在一起又怎么样呢？现实世界里总有这样那样的原因，让你们要晚些时候再相遇。如果最后的最后，遇见的仍旧是你，那么晚一点真的没关系，不是吗？

有缘千里来相会，无缘对面手难牵。

其实，重要的不是一开始你们就在一起了，重要的是无论相隔多远最终你们依旧走到了一起。那样的爱，坚不可摧。

木槿和大天，会让你想起谁？是你和你爱的人，还是你身边的朋友？也许，类似的故事仍在继续。那么，也请你学会相信，相信会有那么一天，你终会遇见那个你该遇见的人。

就算隔着天涯海角，就算面临艰难险阻，不早不晚，他终将会出现在你的生命里。

# 你不过是想找一个懂你的人

成长的道路上，你会摔跤跌倒，会得到也会失去，会经历痛苦和哀伤，会遭遇挫折和烦恼。每个人都会有那些磕磕绊绊。但是我相信，雨过会天晴，就像黑夜过后会有黎明。我知道，你一直都很坚强。我明白，你不过是想寻找一个人，懂你内心的柔软，懂你的言不由衷。

## 001

陆彦是在参加一次社团活动的时候认识韩小枝的，他们同校，但不在同一个系。

那天陆彦被好友拉着去舞蹈社，经过走廊的时候，看到对面教室里一个留着齐刘海的短发女孩儿正抱着一把吉他边弹边唱。

他看着看着就出了神，心想：怎么会有这么可爱的女孩子？朋友见他兀自站在那儿发愣，就顺着他的视线看了过去。结果，一拍大腿说："嘿，那姑娘我认识！"

原来陆彦的朋友和那个女孩儿是同一个系。很快陆彦就通过朋友要到了她的电话号码和QQ，两人开始有一搭没一搭地聊起天来。陆彦也是在那个时候才知道，这个可爱的女孩儿有一个很好听的名字：韩小枝。

自从和韩小枝联系上以后，陆彦的舍友说，那时的陆彦就跟中了邪一样，走路都不忘把手机掏出来看几下。要是来消息了，他就对着手机一个劲地傻笑，跟没了魂儿似的。

陆彦对韩小枝的好感越来越强烈，终于有一天，他在心里下定了决心——他要追她。

*002*

2010年陆彦19岁，和很多情窦初开的男生一样，他对爱情的表达直接而强烈。他总爱黏着她、发消息骚扰她，如果没有回复，就跑去她宿舍楼下堵她。他叫她起床，他跟她说晚安，他关心她的生活，事无巨细。知道她喜欢吃巧克力，他一次性给她买了八种口味，足够她吃一个礼拜。她心情不好，他就拉着她去操场上跑步，说流汗是最能减压的一种方式。他死皮赖脸、掏心掏肺，他把他认为最好的全都给了她。

后来陆彦在跟我叙述的时候说，也许那时的他是自私的吧，只是一味地想要把他想给的都给她，可自己却从来都没有问过她喜不喜欢，想不想要。

这世上很多事情付出了都会有所回报，可放到感情里就都行不通了。你以为的付出和你以为的好，都只是在你看来。你以为逗她开心了她就会笑，你以为陪她一起难过了她就不会再哭，你以为用你的方式爱她她也会爱上你。可事实却是，你并不了解她，你不知道她到底想要的是什么，你根本就不懂她。

### 003

韩小枝生日那天，陆彦去花店买了束鲜花，想给她一个惊喜，顺便向她表白。路上经过一片足球场，他远远地看见韩小枝挽着一个高个子男生的胳膊笑靥如花。陆彦揉了揉眼睛，以为是自己看错了。后来他从朋友那儿听说，韩小枝恋爱了，前两天他看到的男生是她新交的男朋友。他比她大一届，她喊他学长。

一切来得太突然，陆彦根本来不及反应，他感觉到一种前所未有的空乏在心底蔓延开来。没有什么比亲眼看到自己喜欢的人被一个陌生人搂着走在一起更加令人痛苦，陆彦觉得自己之前所做的一切就是个笑话。原来她早就有喜欢的人，原来她的那些难过与失落都是因为另外一个人。如果不是亲眼所见，他不知道自己还会被蒙在鼓里多久。那一刻，他五味杂陈，不知道还能怎么做，只是尽量控制自己的情绪，不让自己的生活被摧垮。

对于当时的陆彦来说，那是一场还没开始便已经结束的恋爱。前一秒还在腾云驾雾，后一秒就跌入了万丈深渊。更糟糕的是，他发现即便是这样，他还是想着她。

有时候喜欢上一个人就是这样，只是因为在人群中多看了她一眼，就再也没能忘掉她的容颜。你找不到任何理由拒绝她，想不到任何办法忘记她，因为在心动的那一瞬间你就注定了要沦陷。

情窦初开的年纪往往是最可怕的，因为人们分不清喜欢和爱。在那个荷尔蒙泛滥的年纪，占有欲高过一切，于是人们很容易做出一些现在看起来极其幼稚的事情。

陆彦让韩小枝跟学长分手，跟他在一起。他纠缠了韩小枝很久之后，韩小枝的好友对他说："韩小枝喜欢的就是学长那种成熟稳重型，而不是你这种冒失幼稚型。"

他突然无话可说。原来在韩小枝的心里，他一直就是一个冒失鬼，他的一切行为在她看来通通归结为两个字：幼稚。

那一刻他才明白，也许韩小枝根本不喜欢自己。

陆彦渐渐淡出了韩小枝的视线。他不再围着她转，不再想尽办法接近她、逗她开心，不再故意吸引她的注意力。他把自己放空了一年，这一年里，不乏有喜欢他的追求者出现，可他全部都拒绝了。他说不上为什么，明明她们都那么好，对他也好，可他还是选择了视而不见。也许是因为，他不喜欢她们吧，他在心里这样想，也许……他还在等待着某个人。

你一定也曾等过这么一个人，你不确定他是否会回过头看到你，你不知道他什么时候会回来，你甚至怀疑过这样的等待是不是不会换来他的回首，可是你依旧会在心里默默地守护着他。你无法解释自己不肯放弃的原因，也许是因为，他是你第一个喜欢上的人；也许是因为，你还想向他证明什么；也许是因为，你不甘心。

2011年圣诞夜，陆彦突然接到了韩小枝的电话。虽然那十一个数字早就已经被他从通信录中删除，可他还是一眼认出了她的号码。电话那头，他听到她在哭。原来，那个学长劈腿了，还没等韩小枝开口，对方就先提出了分手。

陆彦说他没办法形容自己当时的感受，那太过错综复杂。原本以为韩小枝分手，他应该会很开心才对，可真的亲耳听她说自己被劈腿了，他又是那么愤怒。他听着韩小枝的哭声，有些感同身受。一年前的自己又何尝不是这般撕心裂肺？多少个晚上，他辗转反侧，多少个白天，他失魂落魄。他郁闷过，纠结过，伤心过，自暴自弃过。为了能够忘记她，他一怒之下删光了所有与她有关的照片和联系方式。他发誓再也不要看见她，再也不要搭理她。可当他看到那串熟悉的号码，终究还是按下了接听键。

男女之间如果没真正开始过，就会有无限可能。只要你心里还放不下，只要你们之间还有联系。

和男友分手以后，韩小枝跟陆彦的关系似乎发生了微妙的变化。原先井水不犯河水的两个人，开始抱团取暖。一开始，陆彦还时常纠结着要不要再次追求韩小枝，可每次想到她才刚分手，这个念头就瞬间被打消了。时间一长，他就充当起了她的树洞，她伤心委屈的时候，总会习惯性地跟他倾诉，她倾吐衷肠，他乐此不疲，两人心照不宣。

2013年年末，陆彦收到了深圳一家外企的实习offer，而韩小枝也因为工作被调去了天津。他们一个在北，一个在南，都离开了大学所在的那座城市。分别以后，联系断断续续，似乎有很多东西都发生了改变。比如说，短发齐耳的韩小枝蓄起了长发，喜欢穿T恤的陆彦打起了领带、穿起了西装。

他们再次见到彼此是2014年的仲夏。陆彦请了年假，韩小枝被调回了×城。见面以后，他俩都惊叹于对方巨大的改变，无论是外在，还是内在。

那天，陆彦请韩小枝吃饭，他们聊了很多。陆彦说了很多大学里的趣事，他提到自己曾经暗地里诅咒韩小枝两个月内和她的男友分手，结果没想到他们谈了整整一年零二十八天。为此，陆彦在宿舍喝了一晚上闷酒，最后是舍友帮他脱了被吐脏的衣裤，然后几个人一起把他扛上床的。

韩小枝听完，低头不语，只是笑笑。

那晚回家以后，陆彦收到了韩小枝的短信。

她问他："如果现在我说喜欢你，你会和我在一起吗？"

陆彦突然不知道该怎么回复了。这句话放到四年前，他一定会高兴得跳起来，双手握拳对自己说一个Yes。可四年过去了，面对曾经喜欢了那么久的女孩儿的表白，他居然一点兴奋的感觉都没有。就好像有人一下子帮他按下了暂停键，他觉得脑子里一片空白。他也不知道是为什么，于是前一阵子就来问我。

我想了想，回答他说："也许是因为你喜欢了她太久，感觉累了；也许是因为你从来就没那么喜欢她，只是想让自己蜕变成她喜欢的样子，然后证明给她看；也许是因为在等待的过程里，你变成了更好的自己。你愈发地成熟、理性，开始从不同的角度看待问题、看待感情，于是你也就会在听到她说喜欢你之后还能保持如此的冷静。唯一能够解释这个现象的原因就是，你成长了。"

陆彦过了很久才回复我。他说他听懂了，他说那个藏匿于心底多年的谜团总算是解开了。"以前不明白，为什么这些年我陆陆续续拒绝了那么多向自己示好的人，以为非她不可，于是也间接伤害了许多人，在感情里变得进退两难。后来尝试了一段恋情以后才发现，感情这东西，勉强不来。也许有些人、有些事，你越想忘就越忘不掉。而当你真正想通了以后，就会彻底释然。"

也许陆彦真正喜欢的不是后来的韩小枝，而是大一那年经过那条走廊时看到的那个抱着吉他弹唱的女孩儿。那一幕被他在脑海里随意地剪辑、拼接，于是就有了无数个美丽的幻想。那年的陆彦把自己的幻想寄托于她，其实他并不是那个懂她的人，可他却希望她能懂自己，所以两个人始终有时差。

人在年轻的时候很容易动心。因为一个眼神、一个微笑、一个背影，或者是他/她身上的味道。你念念不忘却又无法解释这一切，你觉得你大概是喜欢上了他/她。于是你跟踪他/她、打听他/她，躲在角落里偷偷看他/她，想尽办法接近他/她，甚至渴望能够和他/她在一起，把他/她想象成自己喜欢的样子，以为他/她就是那个你要找的人。可后来你发现，其实从头到尾你都不了解他/她，也许当初的心动让你爱上的只不过是自己的想象。

008

韩小枝没想到，陆彦拒绝了自己。他给她写了一封长长的信，把他这四年来的感受都告诉了她。他说他很怀念那些年，很怀念那时候的自己，很怀念看到她时自己心跳的声音。他不后悔自己曾经犯傻、折腾、发神经。他说就算当时的她从来都没回头看他一眼，他还是觉得他的付出很值得。也许就是因为当年什么都不懂的年纪曾经最掏心，所以最开心。而现在他已经过了爱做梦的年纪，轰轰烈烈不如平静。

陆彦说毕业以后有段时间，他好像突然忘了应该怎样去爱一个人。他说其实他知道在后来的两年里，韩小枝给过他多次暗示，可到底是因为距离还是一些什么别的原因，他没能像从前那样勇敢。

你一定也有过这样的一段经历，曾经勇敢的自己被时光磨去了棱角，最后一点一点地消失。你不再敢爱敢恨，即便生硬，你也开始学着迎合你讨厌的人；你不再直来直去，即便无法掩饰，遇到棘手的问题你也开始吞吞吐吐；你不再相信自己，面对失败你会觉得抬不起头，生活渐渐变得小心翼翼。越来越多的容忍伴随着越来越轻易的逃避，你希望可以在任何时刻左右逢源，可每次都适得其反。你突然发现，自己再也没有义无反顾地站在一个人背后的勇气了。

## 009

时间大概是一个窃贼，它偷走了你的青春，在你还没来得及反应过来的时候，就已经把你的回忆全都定格在了那个青涩的年代。年轻的时候，每个人都曾作死、卑微、经历背叛，也可能伤害过别人。直到多年以后，我们不愿再摘下虚伪的面具，不愿再袒露真实的自我，不愿再次对人掏心掏肺。这是因为我们害怕，害怕自己在对方洞悉一切之后会瞬间变得卑微渺小，一无是处；害怕很多事情只是自己多想抑或一厢情愿；害怕猜得到故事的开头，却猜不到故事的结尾。于是我们怀揣着期待矛盾地过活，怀揣着狐疑寻求着心理平衡。

不知道从什么时候起，我们嘴上说的并不一定是心中所想；脸上挂着笑容，不一定代表内心快乐。为了不让自己烦恼，在遇到每件事情之后我们都会下意识地去选择遗忘。渐渐地，我们忘记了初衷，忘记了本真，忘记了如何去爱，最后，迷失在了自己的世界。

其实每个人都在渴求一份简单的幸福，每个人都在渴求有个喜欢的人能够陪着自己，直到老去。但可能这样的期许实在是太美，美得有些不切实际，所以我们往往不能如愿。或许我们都曾紧握幸福，只是当时的我们太年轻，过于笨拙。笨拙地相爱，笨拙地相处，笨拙中做了太多的傻事。当时光穿梭到与幸福失之交臂的今天，我们仍旧会在一个人的时候，静静地回想起那些曾经，怀念起当初的那个自己，那个天真的自己，那段最纯真的岁月。

### 010

陆彦和韩小枝最终成为了好朋友。他说，或许还是有缘无分吧，他和她总是不在一个频道上。他喜欢她的时候，她爱的人不是他。等到他放下了，她又喜欢上了他。他们似乎永远是平行时空里的两个人，彼此看得见对方，却始终触摸不到。多年以后，往事随风飘散，那一刻，忽然也就释怀了。既然做不成情侣，那就做一辈子的朋友吧。陆彦说他很感谢那些年，也很感谢韩小枝。他觉得是那些曾经改变了他，让他成为了自己最想成为的人。

还记得他对我说过的一句话："我仍旧相信爱，仍旧相信这世上存在着的美好。一如我相信，那个我生命中的另一半，她终会在最恰当的时间出现，告诉我她就是那个懂我的人，而我就是那个对的人。"

我知道，你不过是想找一个懂你的人。懂你的脆弱，懂你的委屈，懂你的执拗，懂你的坚强。在你觉得末日来临、天快要塌下来的时候，做你的靠山；在你觉得穷途末路、找不着北的时候，做你的萤火虫；在你需要被爱、被照顾的时候，做你的大白。

我想我理解你。理解你失恋的痛苦，理解你对未来迷茫的无奈，理解你站在人生分岔路口却不知该如何前进的踌躇，还有面临挫折苦难想要逃避的心情。我之所以明白，是因为我们有着相似的青春。

一切都会过去，一切都会好起来，就像雨会停，天会亮，太阳总会在东方升起。不管你曾经经历过什么，撕心裂肺也好，遍体鳞伤也罢，都别忘了身后还有那么多支持你的人在。

时间不等人，我们一直在追着时间跑，沿途的风景只有自己知道。如果跑累了，就停下来歇会儿吧，整理好心情继续上路。我想我能做的，就是在你觉得眼前漆黑一片的时候，为你点亮一盏灯，让你能够看清前方的路。

在你撑不下去的时候请别灰心，我愿意做那个懂你的人，一直陪伴在你左右。

# 愿最后的最后，我们都将会有美好结局

爱情，是一场冒险。不到最后一秒，你永远不会知道谁会遇见谁，谁又会和谁在一起。在爱情里，我们都像盲人一样不停地在摸索。我们小心翼翼地试探，跌倒后又泪流满面地站起来。我们渴望有个人能做我们的拐杖，直到遇到那个可以做你的眼的人。

## 001

2012年毕业那会儿，传言四起，说什么地球将在2012年12月21日发生重大灾难，或出现连续三天的黑夜等异象。一时之间，全世界都陷入了恐慌。

据说这种理论的来源是玛雅历法，所以当时的我几乎是深信不疑。我甚至在个人博客写了篇博文，题目叫《如果世界不末日》。

还有一个跟我一样诚惶诚恐的人，就是阿汤。我俩的价值观如同火星撞击地球般一拍即合。于是每次见面，两个单身狗就会抱头痛哭，然后开始幽怨地互相吐槽，说自己都还没脱单、都还没结婚，世界怎么就要毁灭了。

小阮看到我和阿汤深受"地球毁灭说"荼毒，各种忧国忧民，就恨不得拿起手里的杯子砸我们的脑袋。

她说："地球哪那么容易毁灭啊，再说了，要真毁灭，全世界的人一起死，特别公平。你们俩就别在那儿瞎操心了。"

"地球的存在距今都已经长达46亿年了……46亿年啊！"阿汤赞叹地说，"你怎么就那么肯定它不会毁灭呢？"

"对啊，"我接过话茬，"玛雅预言一向很准的，不管你信不信，反正我是信了。"

"真是没法跟你们沟通了……两个疯子……"小阮闭着眼不停地摇着头。

后来真到了12月21号，居然什么都没有发生，一切太平。我竟然有一丝变态的失望。

那天清晨我在阳光中醒来，睁开眼发现自己还活着，不禁在心里默念了四个字——阿弥陀佛。随即就接到小阮的电话，说是要给我和阿汤介绍对象。

"你这心操的。我就先算了吧，既然地球不毁灭了，那我单着就不怕了，还是先介绍给阿汤吧。"接着我试探性地问，"话说世界末日都过了，你和大成什么时候结婚啊？"

"去去去，这世界末日都过去了，你们两个单身狗还不快点抓紧时间解决终身大事？我这正儿八经地给你们排忧解难呢，你别哪壶不开提哪壶啊。"小阮迅速扯开话题说，"你帮我跟阿汤说一声，叫她明天晚上七点半，米莱咖啡厅见，给她介绍一个大帅哥。记得提醒她穿漂亮点，我打她电话打不通。好了就这样吧，我出门有点事，晚点再联系，拜拜。"

"哎……那个……"

还没等我说完，她就挂了。小阮果然是典型的狮子座，雷厉风行的作风，风驰电掣般的性格。

我和阿汤常常羡慕她有一个超爱、超爱她的男友大成。2005年到2012年，他们已经恋爱了整整七年。

要说这种爱情马拉松如果放我身上，我可能就难以驾驭了。通常而言，要创造这种神话都是很痛苦的。可小阮她hold得住啊。她和大成的这段恋情，我们是看在眼里的。这过程中经历了异地、异国、父母反对、分手、和好。我感觉他们几乎经历了所有狗血又虐心的桥段，就差生死恋了。不过即便是爱得深，七年的感情还是经不起折腾，尤其是要过父母那关。我知道小阮最近神烦这事儿，所以后来就没再多问她有关结婚的事情。

## 002

我们来说说阿汤吧。

阿汤那晚去了米莱咖啡厅之后，认识了帅哥邹凯。我一度觉得这个名字很好笑。如果你没捕到这个笑点，请把姓与名的声调对调一下。对，邹凯，有点像方言版的"走开"。

也许是因为名字就略带喜感，邹凯这人挺幽默的。他和阿汤从八点聊到十点，中间都不带冷场的。两个人话题不断，颇有相见恨晚的意思。

邹凯说他喜欢听摇滚和乡村音乐，阿汤说她也是；阿汤说她喜欢看悬疑小说和恐怖片，邹凯说他也是。后来就在这么东南西北的瞎聊胡扯中发现，他们俩竟然有相同的爱好、相同的口味、相同的经历，还有相同的三观。于是两人都不太淡定了，觉得是天赐良缘。还没等我和小阮去帮忙撮合，两人已经神不知鬼不觉地互相交换了手机号码和社交联络方式。

所以说一段恋情是否能够成功，主要还是取决于双方有没有共同话题。有共同话题，就会产生好感，有好感，就会想要进一步去了解对方。等到想要进一步了解对方的时候，离确定恋爱关系也就不远了。

两天后圣诞节那晚，阿汤和邹凯宣布正式交往。随后我和小阮被阿汤抛弃在了天语雅阁。

阿汤走后我向小阮打听起了邹凯的来头，小阮说："他是大成一个朋友的同事，也是学建筑的，在他们单位人缘可好了。家庭条件也不错，有车有房，工作稳定。你说肥水怎么能流外人田呢，我肯定是想先介绍给自己人的。"

"不错啊，听着挺靠谱的，这么说他和阿汤还是同行。"我说，"看阿汤这次的反应，不出意外，这事儿十有八九就成了。"

"要真成了，我也算功德无量。没想到第一次做媒就能成功，哎你说我是不是有做媒婆的天分啊。"小阮说完，自己都忍不住笑喷了。

阿汤和邹凯的进展果然不出我和小阮所料，两人相处得很愉快。

2013年的夏天，邹凯把阿汤带回了家，介绍给了父母。

我和小阮都觉得，阿汤很有可能成为我们三个人当中最早结婚的那一个。可谁知生活有时候远比电视剧狗血，又或许，电视剧原本就是按照生活改编的剧本，所以才会有那么多谁知，所以才会有那么多未知。

阿汤说，那天从邹凯家回来之后，邹凯的态度就有一些细微的改变。女人嘛，都是敏感的。更何况恋爱中的女人，个个都是福尔摩斯。阿汤发现邹凯明显不太对劲，于是就在QQ上找他，旁敲侧击地问他爸妈对她满意否。然后邹凯过了很久才回了条消息过来："还好。"

还好？后边还加个句号？阿汤隐隐感觉到了什么，就回了他一段话："你可以跟我说实话，是不是你爸妈对你找女朋友有什么要求？我不知道是不是我多想了，但我希望得到一个确切的答案。"

过了很久很久，真的过了很久很久。阿汤等得都快不耐烦了，才收到邹凯的回复："今天先不说这事儿了，改天约你出来面聊吧。"

看完这条消息，再综合邹凯的种种反应，阿汤心里基本有数了。

一个礼拜之后邹凯约阿汤出去吃饭，阿汤再次提到这件事，邹凯只是笑着打圆场说："先吃饭，先吃饭，吃完再说。"等到一顿饭吃完，邹凯也没提这事儿。

阿汤觉得很郁闷，她肯定邹凯的父母对他说过些什么了，否则邹凯不会无缘无故变成这样。

意料之外的还在后头。

那顿饭以后，邹凯不像之前那么热情了。每天早中晚的联系变成了睡前的一条"早睡，晚安"，过了几天，变成了"睡了，安"，又过了几天，干脆什么也没有了。

阿汤一个电话打过去，忙音，忙音，永远是忙音。她每天尝试联系邹凯，可语音那头要么就是"您所拨打的电话已关机"，要么就是"对不起，您呼叫的用户正忙，请稍后再拨"。

直到有一天公司聚餐，阿汤在韩牛阁看到了正在和同事吃饭的邹凯。她发微信告诉他："我现在就在你后面的后面的隔壁那桌，你出来一下，我们门口见。"

003

邹凯被叫到了门口，阿汤问他："到底怎么回事？为什么突然失联？为什么突然失踪？有什么话不能当面讲清楚吗？"

邹凯低着头，半天没吐出一个字。

后来阿汤就在他面前哭了。

邹凯说："你别哭你别哭，我最见不得女孩子在我面前哭。"

"那你告诉我到底发生了什么，为什么我打你电话打不通，给你发消息你不回？"

邹凯给阿汤递了张纸巾，轻轻地说："我们还是分手吧。我父母不想让我找同行，我不想跟你说得太清楚，怕你伤心。"

阿汤有点愣住了，她没想到等来的是这样一个答案。

"你学建筑，我也学建筑，这不是挺好的吗？我们能有更多共同话题啊，事业上也能互相帮助。我不明白为什么，为什么你父母会因为这一点反对我们？"

"总之我们还是分开吧，虽然我承认我很喜欢你，但是……我也没有办法。"邹凯显得一脸无奈。

"既然你说你喜欢我，那我可以等啊。我们一起去努力，一起去说服你爸妈，有什么问题是我们不能一起面对和克服的呢？"阿汤上前拉住了邹凯的手。

邹凯沉默了一会儿，然后跟阿汤说："我们先进去吧。外面人多，认识的人看到我们这样不太好。"

阿汤听邹凯说完这句话，心就像泄了气的皮球，瘪了一半。她心寒：一个口口声声说喜欢自己的人，连去说服父母的勇气都没有；一个口口声声说喜欢自己的人，会突然失联躲着自己；一个口口声声说喜欢自己的人，会怕被别人看见他们在一起。

"呵呵，他觉得丢人吗？"阿汤对我说，"因为学建筑反对是假，挑家庭条件是真。我算是明白了。难怪那天他突然问起了我父母的工作和收入，问起我介不介意一起还房贷。"

我听着阿汤的絮絮叨叨，心情很复杂。一时之间不知该说些什么。

"2013年了，我24了。你知道我今年生日许了个什么愿望吗？"

我摇摇头。

"我想幸福，我想要幸福。我想嫁给我喜欢的人。我以为今年这愿望就能实现了呢，没想到爱情这种东西，都是假的。重要的，都是那些物质，都是利益。看吧，爱情就是这么脆弱，脆弱得不堪一击，分分钟让你的心情从天堂坠入地狱。"

"你别啊，你千万别这么想。你只是刚巧没遇到一个对的人而已。"我忍不住劝她说，"他只是你生命中的一个过客。过去了，都过去了，别再去留恋。别难过，以后你还会遇见更好的。"

阿汤在我面前哭了，随即又把眼泪擦干。她说："我没那么悲观，我只是心里难过。我知道最终我们都将变得现实，但在我还能心动的这一秒，我希望我结婚不是因为那些条件，不是因为那些物质，不是因为那些条条框框。我想简单点儿，纯粹点儿。可是我发现，即使是我不想，人家也会用这些衡量我，在心里偷偷和别人做对比。原来我以为的纯粹，早就已经被打破，我们都在不断地衡量与被衡量中玩着优胜劣汰的游戏。什么时候爱情变成了今天这副模样……"

小阮听说这件事情之后，回去把大成骂了一顿。大成直呼冤枉，说自己只知道人家是单身，具体情况肯定是不了解的。

阿汤说不关他们的事，不关任何人的事。谁都没有错，错的是这个时代。

## 004

阿汤分手后就一直没找男朋友。小阮对这事表示很内疚，时不时就喊她出去吃饭，说什么"唯有美食不可辜负"，想要通过多请几次客，赎她的罪。

也许是因为有我们两人陪着阿汤，她对失恋这事很快就释怀了。

结果阿汤的事情告一段落，很快就轮到小阮了。

2014年8月的一天，从小阮那儿传出她要离家出走的消息。我和阿汤火速赶到现场，看见小阮正在房间收拾行李。

"玩真的啊，动真格啦？！"我大声地问。

"你觉得呢？！"

当时，现场火药味十足。小阮她妈把我们叫来，说她得了失心疯，叫我们赶紧给她洗洗脑。

后来折腾了半天，总算是把火给熄灭了。

小阮说："都是因为我妈，你们以为我真的想离家出走吗？离家出走对我有什么好处啊，我又不是白痴。"

"我看你刚才那些吓人的举措，离白痴也不远了……"阿汤在一旁煽风点火。

"你……"小阮示意要对阿汤拳头伺候。

阿汤连忙躲到了我身后。

"我说你们俩也真是难姐难妹。谈个恋爱，到父母这关，都卡住了，还真是神奇。"我继续说道，"你们就应该学学我，一直做单身狗，这样就不会有这些烦恼了嘛，你们说对不对？"

话音刚落，遭到了两个白眼。

后来我和阿汤先做了小阮的思想工作，接着又做了阿姨的思想工作，最后才算功成身退。

四个月后的一天，小阮突然在微信群发消息说：经过常年对日军的讨伐，现如今，日军头领王女士，已经彻底缴械投降。结婚日期初步定在明年三月份。

耶丝！奶丝！Give me five！

群里立马像炸开了锅。常年潜水的几个妹子也突然诈尸，出来连发了几个"祝贺""恭喜"。

我和阿汤尤为激动和亢奋。这不仅仅是因为我们即将参加小阮的婚礼，还因为，我们陪着小阮一路走来，看着她的爱情从一粒种子慢慢发芽，长成一棵小树苗，再从一棵小树苗，长成一棵参天大树，最后开花结果。我们参与了灌溉，并且目睹了整个过程。这颗种子就像我们自己的孩子一样，孕育出世的那一刹那，一声啼哭便感动了所有的神经细胞。

我们都特别高兴，很高兴、很高兴的那种。

## 005

那阵子我们聚会特别多。生日趴、鬼片趴，各种趴。

可能是沾了小阮的喜气，我和阿汤后来都遇到了自己喜欢的人。

阿汤遇到了孙哲，我遇到了Z先生。

谁都不曾预料到，在2014年尾的时候，我和阿汤都脱了单。

我对阿汤说："看吧，一年前我就说过，你一定还会遇见一个更好的。你只是刚巧没遇到一个对的人而已。"

阿汤说："遇到孙哲之后我才知道，原来以前无论如何大声喊着

'我再也不相信爱情了'这样的话，可心里却还是渴望能有一个人出现，带走自己，连同自己的整颗心都一起带走。这是我们所有人对幸福共同的期许啊。"

后来大年三十的时候，我们四个人聚在一起跨年，顺便玩个麻将。

Z先生带了个全家桶，我买了一堆零食和饮料。

我们围坐一团各种抢红包，吵吵闹闹，却也开心得不行。

零点的钟声响起，外面开始噼里啪啦地放起了鞭炮。我望向窗外，外面绚烂的烟花和街道间闪烁的霓虹让我看得出了神。那一刻，我突然感觉好幸福。

原来上天真的会给你最好的安排，让你在对的时间遇到那个对的人。而之前所有的错过，都是阴错阳差。这不是上天在开你的玩笑，这是上天给你的考验，看你最终能否披荆斩棘，历经艰难险阻，找到他。

也许是因为，寻爱之路本来就不是一条康庄大道，而是一条幽暗小径。所以在这条晦涩的路上，我们走得格外费神。但只有这样，我们才会明白，遇见那个人是多么不容易。我们能做的就是好好珍惜，珍惜上天赐予我们的姻缘，珍惜来之不易的爱情。

爱情，是一场冒险。不到最后一秒，你永远不会知道谁会遇见谁，谁又会和谁在一起。在爱情里，我们都像盲人一样在不停地摸索。我们小心翼翼地试探，跌倒后又泪流满面地站起来。我们渴望有个人能做我们的拐杖，直到遇到那个可以做你的眼的人。

三月份，我和阿汤一同参加了小阮的婚礼。婚礼上，新娘好美，新郎好帅。司仪各种调皮,不停地调侃着新郎和新娘,搞得席上所有到场的嘉宾都哄堂大笑,现场氛围好不其乐融融。

不一会儿,新娘和新郎来我们这桌敬酒。小阮和我们合照、拥抱。我们眼睛都湿了。明明不想哭的,但就是太感动。

原来看别人结婚,心里也是会泛起千层涟漪的。

后来在抛花球环节,我和阿汤被拉上了台。一直羞于见人的两个人,在司仪的一声令下,同时接住了花球。我很难形容当时心里的感受。

我看着台上的小阮,正在朝我开心地笑。我看着阿汤拉着我的手,把花球高高地举过头顶。

我突然觉得时间过得好快。

两年前,我还是单身,小阮和大成的恋情还没得到父母肯定,阿汤谈了场无疾而终的恋爱。一切好像都还很糟糕。可如今,小阮结婚,我和阿汤也找到了归宿。一切又好像变得好了起来。

我很难解释这一切,但我相信,一切都是最好的安排。

每次看到小阮,我就会想到自己。

或许小阮就是那个我最想要成为的人。她的勇敢,她的执着,她的坚定,都让我赞叹与折服。

我希望有一天,我能和她一样收获幸福。

我希望,最后的最后,我们都会有美好结局。

# Part 6

# 心中有景，花香满径

真正的成长是吃得了苦，放得下怨

受得了委屈，遭得住磨难

在蜿蜒曲折面前一笑而过

背上行囊继续上路

## 我这么努力是因为，我想过上我想要的生活

年轻时就应该把时间花在奋斗上，而不是谈几场无疾而终的恋爱，最后一事无成。从今天起，去努力学习，努力工作，努力赚钱，努力让自己的生活过得更好。只有让自己不断进步，不断成长，才不会辜负爱着你的家人，才不会辜负你自己。

## 001

今天微信后台有个男生跟我说，他觉得现在的日子每天过得都很无聊。

吃饭、睡觉、撸游戏，除了这些他想不出还能做些什么。

我很讶异一个20岁的男生居然会说出这样的话。

"无聊"这个词好像很多人跟我说过。

几乎每隔一阵子都会有人跑来跟我说："啊啊啊，我好无聊，我该怎么办？"

我很纳闷，你无聊不能去找点事情做吗？无聊你不能为你的将来做一下打算吗？不能滚去看书、做题、工作、赚钱吗？你无聊跑来问我作甚啊，我很忙的好吧？

那些老是把无聊挂在嘴边的人，多半不太清楚自己想要什么。

但凡知道自己想要什么的人，绝对不会说无聊。

我承认，大二有段时间我也无聊。因为那时候安逸呀，做什么都很自由，不像高中，老师会逼着你，家长会催着你，同学会监督你。到了大学，一切都得靠自觉。

无聊了一阵子之后，我发现我的生活糟糕透了。整整一个月，我一点收获都没有。

我都在干吗呢？赖床、发呆、看韩剧、睡觉。

Oh，my God。我还能再颓废一点吗？

可即便我过得如此自由、安逸，我仍旧觉得不开心，因为精神上得不到丰裕。

用一句俗话概括就是：空虚、寂寞、冷。

一天天过得就跟翻日历似的，翻过去，就忘了。我都不知道自己干了些什么。

后来的后来，我告诉自己，不能这么下去了。再这么下去，我会把自己毁了。

于是大二下半学期开始，我就"滚"去图书馆看书了。

## 002

那阵子是考试高峰期。我每天抱着一大摞参考资料大清早地跑去图书馆占座，可无论我起得有多早，总有人比我还要早，所以图书馆的位子永远都不嫌多。

这世上永远不缺勤奋的人。他们知道自己想要什么，并且一直在为之努力奋斗着。我敬佩这样的人。

我和小U就是在那会儿认识的。

小U比我高一届，是财经系的学生，当初她以第一名的成绩考进这个系，是名副其实的女学霸。

我看她不仅在准备考研，还在准备考CPA，于是就问她，这么多书要看，你消化得了吗？

她朝我笑笑说："消化不了也得消化啊，人都是逼出来的。我给自己定了一个目标，就是要在未来一年里考上研究生，未来五年里考上注会。不给自己留退路，就是要浴血奋战。"

啧啧，你看看，学霸的领悟就是高啊。

我说："我不懂，你为什么要这么拼这么努力呢？"

她说："我家住在一个偏远的小山村，家里兄弟姐妹五口人。爸爸在我六岁的时候去世了，妈妈高位截瘫，靠舅舅的救济过活。这些年我们过得很苦。作为长姐，我觉得我有义务承担起照顾家人的责任。我长得丑，字也写得不好看，没有什么其他的特长，唯一值得骄傲的就是我能考高分。我之所以这么努力，是想让家人过上好的生活，摆脱贫困和疾病，有一天能走出那个偏远的小山村。"

小U的一番话让我既感动又震惊。

都说穷人的孩子早当家，这话一点没错。

在她面前，我看到了自己的无能与懒惰。

我不禁问自己：你才二十出头，有什么理由不去努力？

天天睡觉就能考满分了吗？天天对着电脑看韩剧，毕业后工作就有着落了吗？天天逃课出去玩，就对得起父母交的学费了吗？

那天之后，我毅然决然地选择了告别从前那个颓废的自己。每天给自己制订一个计划，看多少页书，做多少习题，复习多长时间。我就这样坚持了两个多月，天天宿舍、图书馆两点一线。渐渐地，充实感代替了空虚与寂寞，我也一天比一天开心了。

两个月后，我顺利完成了之前制定的所有目标，内心除了有一丝小欢喜之外，还有满满的成就感。

003

再讲讲我现在的故事吧。

大家知道我最早是做网络电台主播的，但是很少有人知道，其实这只是我的一个业余爱好。我是有工作的，我的职业是会计。

所有人午休时，我在绞尽脑汁写文章。

所有人在玩耍时，我在家里录音。

我放弃了很多娱乐活动，放弃了很多休息时间，这么努力到底是为什么呢？

肯定有人会说，为了钱呗。

是，我不否认，我就是为了钱，我就是想赚更多的钱。

谁不喜欢钱呢？

谁不想有钱以后，买这个、买那个，买好多好多自己想要的东西。

谁不想有钱以后，吃这个、吃那个，吃好多好多自己想吃的东西。

可是你得有钱啊，而且在你有钱之前，你得靠自己的双手去努力、奋斗。

这两天江苏地区温度骤降，天气预报上显示今天气温零下八度。我爸平时特别耐冷的一个人，最近也说好冷。

然后我说冷就开空调呗，他说能省则省。我翻了个白眼跑去客厅把立式空调给开了，然后跟我爸说："女儿现在赚钱了。咱家现在不差这点钱，您别这么省，以后电费都由我来付。"

我爸听得一愣一愣的，眼睛瞪得老大。他说："你现在不得了啊，飞起来了。"我说："那是，我这么努力工作努力赚钱，为的就是让你们过上更好的生活。"

## 004

前些日子和闺密去逛商场。闺密看中一件大衣，试穿了一下，只能用完美两个字来形容。闺密很心动，我怂恿她买下来，可她看了一眼标牌就放弃了。她说那件衣服打完折下来都要三千多，是她一个月的工资都不止。

我和她悻悻地离开了那个专柜。

后来，我们又去看了香水。

闺密看中了Chanel的一款，我看中了Dior的一款。原本两人都准备买了，可看看标价，再看看一点点大的香水瓶子，心疼得厉害。

柜台营业员见我们犹豫不决的样子，立马变了脸。她说："你们到底买不买啊？"

正巧旁边有个富婆要买香水，营业员马上就笑脸迎人地过去招呼她了，然后就把我们晾在了一边。

闺密说："好见风使舵啊。"

我耸耸肩膀说："谁叫我们穷呢。"

### 005

我有个大学同学，男生，叫他小J吧。大三的时候谈了一个女朋友，家里特别有钱。

毕业的时候他去见女友家长，她爸妈问了很多问题："你父母做什么的啊？你做什么的啊？一个月赚多少啊？买房了吗？买在哪儿啊？"

结果小J支支吾吾地说："我父母都是工人，我是××银行的客户经理，一个月赚一到两万。房子没买，但老房子在××区，已经装修了。"

她父母一听，当场就对他说了三个字："分手吧。"

小J急了，带着哭腔说："叔叔阿姨，我是真心爱××的。你们相信我，我会对她好的，相信我……"

"那你拿什么对她好？"那个女生的爸爸问，"你能给她她想要的生活吗？"

他走到房间里给小J开了一张二十万的支票，叫他离开他女儿。

小J难过地哭了。

后来，他们分手了。

小J没拿那笔钱，他说他是个男人，受不了那样的侮辱。虽然他嘴上什么也没说，但心里真的很受伤。他发誓以后一定要好好赚钱，不为别的，只为替自己争口气，不让别人看不起。

这是一个真实的故事。

现在小J已经靠自己的努力买了车，但是房子暂时还买不起。

那天我问他，我说你现在过得一定很累很辛苦吧。他回答我说，谁年轻的时候不累不辛苦呢？如果我爸妈年轻的时候选择了安逸，我也不会有今天的生活。

## 006

这个世界很现实，也很残酷。

从前我不相信"有钱能使鬼推磨"这句话，但现在，我信了。

如果有钱，我能立马把现在的车换了，换成我最爱的奔驰。

如果有钱，我能立马买套房，让我爸妈住得更开心更舒适。

如果有钱，我能立马跑去那个香水专柜，打包所有香水。

如果有钱，我能做太多、太多我想做但不能做的事。

所以，我这么努力到底是为了什么呢？

我每天起早贪黑地去公司上班，每天定时定点地刷脸打卡，每天下了班还要像条狗一样地坐在电脑面前码字、录音，为的究竟是什么？

我从来不会说无聊这两个字，因为我每天都很忙，忙到连睡觉都觉得是一件奢侈的事情。我没时间聊天，没时间去想那些有的没的，没有时间抱怨生活的不公，没有时间去哀怨、惆怅、无病呻吟，我只想好好努力，有朝一日过上自己想要的生活。

我总觉得，年轻的时候你不去奋斗、不去拼搏，等到你老了，你会后悔一辈子。如果你不想老来碌碌无为，就从现在开始好好努力吧。

父母总有一天会离我们而去，在那之前，请你先学会养活自己。

PS：有人在评论里问我，你想要的生活到底是什么样的？我想说，我不过是想要让自己和身边的亲人过上更好一点的日子。

我家是小康水平，爸妈一直本本分分，勤俭节约。每次和我妈出去逛街，她看中一些贵重的东西都不舍得买。几个月前，她手机卡了，我说："我给你换个手机吧。"她一直跟我说不要，我说："又不用您掏钱，您别这样。"她就说："我知道你赚钱不容易，天天起早贪黑的，下了班回到家还把自己关在房间里'加班'，我心疼。"当时听完，我心情很复杂。爸妈为了我都辛苦了大半辈子，到最后我们能赚钱了，他们还是在为我们着想，光想想眼泪都要掉下来。

后来我拉着她去买了一个新手机，花了我一个月的工资。我说妈你别心疼，这是我应该做的。她虽然还是说着心疼，但脸上乐开了花，我也跟着她一起高兴。

虽然我目前赚得不多，但我希望以后我可以多赚点，这样，以后冬天到了，爸妈就不会因为想要节省电费不舍得开空调，也不会为了女儿的嫁妆操心，更不会自己省吃俭用只为让我吃饱、穿暖。我可以给他们换套大房子，让他们住得更好一点，给他们买他们喜欢的东西，带他们去想去的地方（爸妈一直想去旅游不过一直没施行）。作为子女，我们能做的不就是在年轻的时候好好奋斗，将来有一天能好好照顾他们吗？当然我知道，每个父母都是无私的，因为看到我们过得好就是他们最大的安慰。

所以我一直是以这个作为我的奋斗目标。也希望更多的年轻人在心安理得地花着父母的钱的同时，好好想想，是不是应该靠自己的双手去赚取财富。不管怎样，请不要辜负了最爱你的亲人，更不要辜负你自己。

# 彷徨的时候，用行动克服恐惧

虽然有时仍旧会对自己产生质疑，甚至还会有些杯弓蛇影，但每当我对未来感到恐惧的时候，我都会告诉自己，别迟疑，别多想，闷着头干就行。因为我找不到比行动更能给我安全感，更能填补内心缺失的办法了。

## 001

有个男生给我写过一封信，无外乎诉苦与抱怨，仿佛全天下的人都负了他。

他说他高二时辍了学，之后就一直在社会上游荡。去理发店做了两年洗头仔，感觉没什么意思，就去学汽修。结果汽修又脏又累，他又时常掌握不到要领，最后气急败坏，学了半年便打道回府。他说他好迷茫，不知该怎么办，总觉得什么都做不好，前途渺茫。

我说你知道为什么会这样吗？他问我为什么。我告诉他："因为你没有真真正正地去做好一件事，你只是敷衍了事。行动力不足，做事又没毅力，注定失败。"

很多走过弯路的年轻人在社会上摸爬滚打几年后都相继后悔了。懊恼当初自己为什么不好好读书，责备自己为什么把光阴浪费在了无所事事上。他们是彷徨的，也是自卑的。是可怜的，也是可恨的。

明明起跑的时候就落下了人家一大截，还不好好发愤图强，三天打鱼两天晒网。有机会学技术，又不好好学，活该彷徨。

每次收到这类邮件，我都统一回复：当你觉得彷徨的时候，请用行动去撑起你的自信心。别废话，先把手头的事做好。

002

说说我自己吧。

自从在网上更文后便结识了不少文字爱好者，还有那种一提名字便会让人虎躯一震的大咖。

从前，我只能远远地看着，鞭长莫及。如今，我竟然有机会与他们近距离接触，并且一起畅谈人生理想，每每想来，觉得既奇妙又幸运。

严格意义上讲，我是从2015年8月底开始在网络上发表自己的文章的。还记得第一篇被大家所熟知的文章叫《不是你不够好，而是你们不在一个频道》，首发在简书，投稿的当天被编辑推上了首页，没几个小时阅读量就破了千，点赞数破了百。当真是让我出乎意料。

我极易满足，也正是因为这样，稍微给我些甜头我就能高兴好多天，进而把这份欢喜转化为继续前行的动力。

有了他人的肯定，我慢慢重拾起自信，开始了不间断的创作。

一石激起千层浪，没想到越来越多的人在我的文字里找到了共鸣，越来越多的人开始被我的笔触所打动。他们跑来向我倾诉，或表达感激之情，或提出各自的困惑。在一次次的思想碰撞中，我感到无比充实，成就感爆表。

## 003

你一定想不到，多年以前我也是个惧怕失败的人，做事畏首畏尾、吝啬付出，认为就算再努力，到头来也是一场空。于是我气定神闲地消磨时间，站在原地驻足不前，美其名曰：修身养性。

后来，身边的同龄人都渐渐开始在各种领域崭露头角，也渐渐寻找到了属于自己的人生轨迹，而当我猛然惊醒时，他们已经把我彻底甩远了。

有时候，我们艳羡于他人的成功，是因为我们也想变成那样。

可大多数人还是在惧怕中拖延和焦虑，不愿静下心来好好努力。

买回来的书，一本没看。该做的习题，一道没做。想完成的计划，一个都没完成。

你抱怨生活苦闷，抱怨学习枯燥，抱怨为什么别人可以轻轻松松地过五关斩六将，却从未想过他们是如何坚持，并且与困难负隅顽抗的。

只有焦虑和恐惧是徒劳无果的，不是吗？你拖延的不是时间，是机遇；你浪费的不是青春，是生命。还有比这更可怕的吗？

意识到这一点后，我开始奋力追赶。我规定自己每个月要看一本书，每个礼拜要写一篇长文，每天要写一篇读书札记。原本以为这些强制措施执行起来会很吃力，但事实刚好相反，我做到了。

阅读丰富了我的精神世界，就像在我的心上开了一扇窗，而写作让我的情感得到了安放，使我懂得运用文字去与外界沟通交流。这两者结合起来，恰恰提升了我的内在修为。久而久之，提笔时思如泉涌，不再搜索枯肠。

## 004

荷马史诗《奥德赛》中有句至理名言："没有比漫无目的的徘徊更令人无法忍受的了。"

如果你一直停滞不前，一直不肯迈出那一步，那么，你将注定迷失在时间的洪流里。

曾看到过这样一个故事。

有一只老鼠，尤其怕猫。上帝怜悯它，将它变成一只猫。

做猫以后，它开始怕狗。上帝便将它变成狗。

可做了狗之后，它又开始怕狼。上帝就让它做狼。

结果它又开始担惊受怕，惶恐自己会遇上猎人。

上帝叹了口气，无奈地说："这次我帮不了你了，因为你无论变成什么都会怕。所以，你只能做回老鼠。"

我深知，因为惧怕与自卑，我错失了许多良机。

因为彷徨与拖延，我迷失了前方的路。

其实，克服恐惧的最好方式就是行动。

把买回来的书一本本地啃完，把练习册上的题目一道道地做完，把制订过的计划一个个地完成。当你真正静下心来去做这些事情的时候，注意力往往会高度集中，你根本不会有任何闲情逸致去哀怨、去感伤。你更加不会觉得害怕，因为你清楚地知道，当下的自己正在努力。而努力本身就是一种克服恐惧的力量。

*005*

现如今，我通过自己的努力认识了我想认识的人。有了好的社交圈子以后，整个人也变得更加开朗与自信，仿佛走进了一个全新的世界。

我终于相信，你是什么样的人，便会吸引什么样的人去到你的身旁。

虽然有时仍旧会对自己产生质疑，甚至还会有些杯弓蛇影，但每当我对未来感到恐惧的时候，我都会告诉自己，别迟疑，别多想，闷着头干就行。因为我找不到比行动更能给我安全感，更能填补内心缺失的办法了。

如果你也正在惧怕未来，如果你也对自己有些许的不确定，那么就从现在开始，找一件你不讨厌的事情，尝试着长久地做起来。

不要去想结果如何，更不要追求立竿见影，只是踏踏实实、认认真真地去做好它。

我相信，岁月终会把你想要的都给你。

也终会有那么一天，你将收到丰厚的硕果。

# 我之所以坚持，是因为不想成为一个loser

虽然偶尔还是会想偷懒，虽然偶尔还是会觉得自己快要坚持不下去了，但我没有放弃，也不会放弃。因为，我不想成为一个loser。

## 001

前些天写了《我这么努力是因为，我想过上我想要的生活》之后，收到很多朋友的私信。大多是向我表示感谢，说自己找到了人生的方向，从今往后要好好努力了。

也有个别朋友说，大道理都懂，可还是过不好这一生，问我到底应该怎么办。

怎么办，又是问我怎么办。

我想说：亲，你首先要摆正自己的态度啊。

你要告诉自己：

不能再这样浑浑噩噩下去了！

再这样下去你是不会有前途的！

再这样下去你会彻底完蛋的！

再这样下去你会变成穷光蛋！

再这样下去你会注定是个loser！

你要时不时地给自己洗脑，不停给自己灌输这样的思想，激发起自己的斗志，让自己去克服惰性。

如果你连这一点都做不到的话，我只能对你说六个字：你真的没救了。

*002*

摆正态度以后，你需要做的，是强迫自己做某事。

强迫自己做某事的目的，其实就是要让自己养成习惯。

一开始，你强迫自己只是为了要去克服惰性。可到最后，强迫会慢慢变成习惯。

那些原本令你觉得讨厌的事情会变成你所喜欢的样子，让你感到充实与满足。

比如说，我会强迫自己去摘抄。

许多年前，当我还是学生的时候，我并不觉得摘抄是一件我喜欢做的事情。我觉得摘抄既枯燥又乏味，而且还特别浪费时间。

可近两年，我愈发地喜欢摘抄了。

因为我极度渴望提升自己的内涵，也极度欣赏文学著作里的名言警句。

于是，原本被我当作一件任务来做的事情，现在却成为了一种习惯，而且是对自己特别有帮助的习惯。

### 003

除此之外，你需要给自己制订一个计划，让自己清楚地知道每天应该要干什么，完成哪些任务。

你可以准备一本软面抄，在上面画上每个月的日历，把每天要做的事情罗列下来，形成一张表格。

当然了，你还必须要有一个具体且明确的目标。

比如说：

我要在一个月之内啃掉3本书；

我要在一周之内背掉500个单词；

我要在本学期上浮12个名次；

我要在今年考取××证书。

千万别小看这些目标，它们将成为你前进的动力与方向。

有了目标你才不会迷茫，有了目标你才不会迷失。

### 004

如果你目标也有了，计划也有了，那么剩下来的，不就是行动了吗？

切记，不要做语言的巨人，行动的矮子，那样是永远不可能成功的。

你一定要按照你所制订的计划去做，不可懈怠。

在这期间，你有可能会打退堂鼓，想着能拖拉就拖拉，能偷懒就偷懒。

这个时候，你就很有必要回到上面第二步去了。

对，强迫自己做某事，强迫自己去做不愿意做的事。

比如在自己想赖床的时候强迫自己起床看书，比如在下午犯困的时候强迫自己去图书馆做习题，比如在想看电视、想玩游戏的时候滚回房间写作业。

这些都需要克制与毅力，别人是帮不了你的，你得靠自己。

当日历上的日期被一个个地划掉时，你当月的任务也就完成了。

这个时候，你可以给自己一个小小的奖励啦。

休息一天，抑或是出去饱餐一顿。

长此以往，你会很有成就感。

### 005

其实，克服懒惰最关键的一步就是行动。

而行动，就是坚持的一种。

有姑娘在微博上留言，说坚持对她来说好难，希望我能告诉她应该如何去坚持。

我仔细想了想，发现问题不在于如何去坚持，而在于懒。

一个勤奋的人，你是用不着去教他如何坚持的，因为勤奋本身就是一种坚持。

而一个懒惰的人，无论你怎么教，他都学不会。因为他潜意识里是不想行动的。

这就是问题的根源。

所以，与其问我究竟应该如何坚持，不如先克服自身的惰性吧。

当你克服惰性之后，你自然而然就学会了坚持。

006

这世上没有哪个人生下来就有"凡事坚持到底"的觉悟，我敢打包票，每个人都有懒惰的时候。只不过，有些人选择了克服，有些人选择了依赖。

我也曾经有过坚持不下去的时候。

每当自己陷入懒惰，我就会给自己打气，在本子上写很多遍"加油！""我相信自己可以！""坚持！坚持做到每天的任务！""不要放弃！"

真的，我真在本子上这样写。

我告诉自己，未来就掌握在你手中，以后过得怎么样，取决于现在的你有没有努力。

我在迷茫的时候看了很多正能量的书籍，交了很多正能量的朋友。

我找了一个偶像，专门学习他身上的品质，借鉴他成功或失败的经历。

我和志同道合的小伙伴一起组队打过卡，天天跑去图书馆占座，你监督我、我监督你，互相鼓励。

为了爱我和我爱的人，我选择了坚持。

虽然偶尔还是会想偷懒，虽然偶尔还是会觉得自己快要坚持不下去了，但我没有放弃，也不会放弃。

因为，我不想成为一个loser。

# 朋友就是永远特殊的存在

朋友就是这样一种特殊的存在。一无所有的时候与他们相识，他们陪着你走过了幸运或倒霉的日子，他们和你分享着自己的青春岁月，分担着你的烦恼哀伤。因为他们的陪伴，你在前行的路上不会觉得孤单。因为他们的存在，你才感受到了回忆的真实性。不是那些年让你记住了他们，而是他们让你记住了那些年。

## 001

　　大浩是我大学时候认识的一个朋友，他算是我为数不多的、关系比较好的异性朋友之一。毕业以后我们就很少联系了，不过还好地球人发明了朋友圈这种高端、大气、上档次的社交平台，就算不聊天，我们也能大概知道朋友们的生活，从侧面了解他们现在过得怎么样。

　　我忘了是怎么和大浩联系上的，只记得那是个周末。他突然告诉我说，他要结婚了。

　　那段时间我遇到了一些事，心情不大好，所以没有马上回。后来他见消息石沉大海便抽了个空找我聊天，问我怎么了。刚好我郁闷得难受，于是就把事情的来龙去脉给他讲了一遍。

　　"人神共愤啊！"大浩听完立马找到了吐槽点，马景涛附体般说了一大堆。

"你别难过。"他说，"这真不是你的错。"

他给我发来一张蓝天白云的照片，煞有介事地对我说："你看，天很蓝，云很白，世界还是很美好的。"

我有些哭笑不得："这照片是你拍的吗？"

他说："是啊，姑娘你真聪明。"

我知道他是在安慰我，突然不知该说些什么，只觉得心底一阵暖意。一分钟后，我还是给他打过去这样的一行字：谢谢你大浩。好久没联系了，想不到你还记得我。

"这是什么话？"大浩直接一条语音飙过来，"你这话说得多生分！我们是朋友，别这样。"

本想再说点感谢的话，但又觉得太矫情，于是扯开话题。

"话说你终于要结婚了啊。"我说，"不久前看到你在朋友圈po的照片，哇噻，大美女啊！"

"你就看到一大美女？"大浩反复问我，"难道你就没看见那美女旁边还有一帅哥吗？！"

我回了一行句号，然后残忍地回复他说："没。"

大浩就这么赤裸裸地被我伤害了。

后来我们还聊了很多。大浩说他前不久开了家装潢公司，承包了很多项目，嫂子就是做项目的时候认识的，她是他第一个客户。我说："行啊，你俩这恋爱谈得就跟拍电影似的。"他说："嗨，人和人之间的相遇就是两个字，缘分。你可得抓紧，我希望你能找到一个真正适合自己的爱你的好男人。当然了，最主要的还是开心。记住了啊，这世上没有什么过不去的坎儿，没事就出去旅个游呗，放松一下心情。你呢，就是好强，我知道。"

不知道为什么，听完大浩说的，我的视线竟然模糊了起来。虽然和大浩只是很随意地拉了家常，但我的心情明显好了许多。

我承认自己是个喜欢隐藏内心的人，遇到任何不开心的事都不太喜欢和别人说。总觉得那些烦恼自己知道就好，没必要烦扰他人。但事实上，烦恼积压久了人就容易抑郁，最后还是渴望被理解、被疏导。我忽然觉得，当有一个朋友愿意倾听你的悲伤，愿意安静下来当你的垃圾桶，愿意给你排忧解难的时候，那感觉其实挺好的。

这大概就是友谊的力量吧。人生在世，不可能永远只是一人孤军奋战。当面对流言蜚语、枪林弹雨时，自己一个人应付不过来，我们便需要朋友的援助与慰藉。

这就是朋友存在的意义。

## 002

一直很想写一写友情。但说实话，人到了一定的年纪不知道为什么就很难矫情起来了，所以我也一直在思考，究竟应该如何诠释我对友情的在乎。我想可能每个人都是这样吧，原本心里有很多想要表达，但真的给你一个说的机会的时候，话到了嘴边你又会选择咽下去。

我们都很清楚，大家都过了矫情的年纪。有些事心里懂，总希望自己不说，人家也跟你一样懂。时间让我们成长，也让我们失去了一部分原有的能力，比如说矫情。

从前，我们喜欢一个人会大声地告白，会付诸行动，会对那个人掏心掏肺。可现在呢？我们在不知不觉中获得了想要的，却丢了很多重要的东西，甚至再也没有勇气去矫情地说出自己内心最真实的声音。

这年头，人人网很少刷出新鲜事，有人注销了账号，有人选择再也不登录。QQ挂着一整天也许都不会有人找你，大多数人就算上了QQ，也会选择隐身。QQ群随着成员的成双入对各自成家而变得形同虚设，任何娱乐活动想要召集起一帮人来都很费力。从前热闹、喧哗的朋友圈，变得寂寞、冷清，安静得谁都不知道第一句话开口应该说什么。

我时常幻想自己坐上哆啦A梦的时光机，回到那段彼此熟悉，互相调侃、嬉笑怒骂的日子。我就是这么一个念旧的人。也许是因为重感情，也许是因为再也回不到过去，也许是因为现在过得并不开心，我突然发现，真正开心的，也只有短暂的那几年。

那几年，谁被欺负你就会冲上去和别人拼命，为朋友两肋插刀。

那几年，谁失恋了你们就坐在一起抱头痛哭，第二天吃到好吃的又立马满血复活。

那几年，谁和谁在一起了，即使你也喜欢那个人，但为了朋友你会选择放弃，只要他们幸福。

那几年，你们好到称兄道弟，你们好到形影不离。你们互相吐露心事，你们彼此之间完全透明。

每个男生都曾有过一个好兄弟，就像每个女生都曾有过一个好闺密。在他们面前，你活得最像自己。你的脆弱、委屈、愤怒、悲伤，都被他们一览无遗。但就是这样一个最真实的你，一直在被他们包容、理解着。无论发生了什么，朋友总会给你一种特别的安全感，让你觉得，"幸好，我不是一个人"。

你知道，有了朋友的陪伴，你才有了无数次跌倒后爬起来的勇气。有了他们的理解，你才会在每个流泪的夜里备感温暖。

友谊与爱情不同的地方就是，因为曾经志同道合，因为曾经同甘共苦，所以那份特殊的情谊永远不会因为分手而消失殆尽。

随着时光的流逝，也许是我们对自己不够自信，无法确定自己在别人的心里到底被摆在什么位置，所以，每一次试探都变得小心翼翼，每一次交谈都像隔了一个世纪。曾经说好永不分离，要永远在一起，可谁知走着走着就散了。于是相交线变成了平行线，于是我们消失在了彼此的世界中，于是也不知道是怎么了，友谊随着交流的变少而渐渐被冲淡。有时候不是不想念，不是薄情寡义，只是害怕。害怕失联许久之后的友谊早已脆弱不堪，害怕高估了自己在对方心中的地位，更害怕自己的冒昧会打扰对方。

003

我有很多次都陷在自己的怀疑里，脸皮薄到不好意思去找昔日的好友吐露心事。可是，当我发状态说自己最近不顺时，来找我询问的肯定不是那些点赞之后就没消息的，而是我的好友。原来，他们从来都不曾离开，只是安静地待在他们原来的位置。你一切顺利一切安好的时候，他们默默隐藏在你看不到的地方，而当你失落、失意、失去快乐和信心的时候，他们就会冷不丁地冒出来，给你排忧解难。

最开心的就是和许久不见的好友聊天。就算隔了很久，相距甚远，三言两语之后却依旧能够找到最初的那种默契。那种心与心之间没有距离的感觉，让你真切地感受到了一种力量，一种相互吐槽的快感，一种极力掩饰却被轻易看穿的感动，一种不用解释就能被理解的舒心。

我想，真正的朋友给你的感觉，应该就像是一座后花园。也许很长一段时间内你都对它疏于维护和打理，但每当你感到疲倦，受了委屈、受了伤，回到那儿时，总是会感到芳香四溢，温暖如春。在朋友面前，你能卸下所有防备和所有伪装。你不再觉得疲惫不堪，你不会觉得那么难过了，你享受着内心片刻的宁静，你觉得很舒服、很自然。你对自己说，做自己，真好。

朋友就是这样一种特殊的存在。他们在你一无所有的时候与你相识，他们陪着你走过了幸运或倒霉的日子，他们和你分享着自己的青春岁月，他们分担着你的烦恼哀伤。因为他们的陪伴，你在前行的路上不会孤单。因为他们的存在，你才感受到了回忆的真实性。不是那些年让你记住了他们，而是他们让你记住了那些年。

最近一直和同事自嘲，说原来只喜欢流行音乐，诸如Hip-hop、

R&B、Rap等比较动感的类别，可毕业后的这几年却越来越喜欢听老歌了。我觉得老歌有一种特别的味道，像一种岁月的沉淀。而不管是歌词还是旋律中蕴含的深情，都是任何外文歌都不可传达与替代的。我想可能有些歌真的需要时间你才会听得懂，比如周华健的《朋友》、无印良品的《我找你找了好久》。

当初只是觉得这些老歌朗朗上口，但等自己真的到了一个不大不小的年龄时才发现，每句歌词都能戳中泪点，一个人静静地听就会觉得很亲切、很感动。

### 《朋友》

这些年/一个人/风也过/雨也走/有过泪/有过错/还记得坚持什么

真爱过/才会懂/会寂寞/会回首/终有梦/终有你在心中

朋友一生一起走/那些日子不再有/一句话/一辈子/一生情一杯酒

朋友不曾孤单过/一声朋友你会懂/还有伤/还有痛/还要走/还有我……

歌如人生，歌中所唱就是每个人都将会经历的心情。人生只能一直向前，所以我们抓不住时间。我们所能做的，就是把我们的感动和深情注入歌曲里，然后通过歌声把祝福传递出去。不管此时此刻你正在做什么，我希望在看到这篇文章以后，你能记得多和你的老朋友叙叙旧，一起坐下来喝茶、聊天，讲述讲述你们自己的故事。

## 我希望身体健康，因为我不愿意
## 看到你为了我担心流泪

好好爱惜自己吧，别让父母担心流泪，别让他们老来时孤苦伶仃。

比起更好的前途，更大的房子，父母最在意的，是你过得好不好，是你开不开心，是你健不健康。

## 001

高中同学G在年前去世了。去年10月底，他被查出得了淋巴瘤，于是赶赴上海治疗。短短两个月的时间，病情恶化。化疗并没能保住他的命，反而令他生不如死。

他在朋友圈发了几张自拍，让人触目惊心。照片里的他鼻子里塞着吸氧管，颧骨凸出，双眼凹陷，整张脸晦暗无光。那时的他已骨瘦如柴，连呼吸都变得困难。

65天前，他的状态是：肿瘤压迫了食管，吃什么吐什么，喝水也吐，好几日滴水未进，靠输营养液度日。

63天前，他的状态是：每天晚上唯有咬着勺子柄，强忍痛苦，止痛针、安定片皆不管用。母亲总是偷偷在一旁抹眼泪，不知道这非人的日子什么时候是个头。

52天前，他的状态是：痛苦到窒息，一点办法也没有，一个人默默咀嚼。

这是他在生前留下的最后几条状态。1月12日凌晨时分，他还是走了，走得毫无征兆、安安静静。

知道这件事情以后，我联系到了另外一位高中同学L。他与G私交甚好，得知G快不行了，便去医院送了他最后一程。

我很难过，问起G得病的缘由。L跟我说："他是太操劳了！没日没夜地工作，东奔西走，作息又不规律。时间一久，身体就垮了。"

## 002

说实话，直到现在我都不敢相信，G已经去世了。

还记得高三的时候，他身材高挑，四肢颀长，总是坐在教室的最后一排。

他很斯文，属于默默无闻的那种类型。但他很有抱负雄心，黑板上他的目标是清华、北大。我们都揶揄他，说他痴人说梦，可他只是笑笑，继续埋头奋战题海。

高考那年，我们恰逢制度改革，结果出来，死伤一片。许多人在选修科目的等级上卡壳，G也不例外。他没能考上梦想中的学府，最后选择复读一年。

即便如此，我仍旧佩服他的坚持与勇气。

G是搞摄影的。一年前的夏天，他曾在微信上问我，认不认识小清新一点的模特，希望可以推荐给他。

我说："你不是有个貌美如花的女友吗？可以拍她呀。"

"她跟我已经分手了。"他敲来八个字。

我连忙道歉，他却自嘲着说："谈了六年，还是分了。也许是我不够好吧。"

G就是这样一个对自己要求很高的人。他希望自己能够变得越来越好，可他忘了，爱他的人只希望他能健健康康的。

003

曾经有个女生给我写信，说她的爱人得了白血病，天天在医院里化疗，不知道还能撑多久。

他和她是大学同学，毕业后他去了她所在的城市。工作两年后，她带他去见父母。她家里人不同意，嫌他穷，嫌他是单亲家庭，叫她与他分手。她不从，悄悄从家里搬了出来，和他挤住在一块儿。他不忍心看着她跟他一起过苦日子，就在网上找了份兼职，晚上跑出去偷偷接点私活。

发现病情前，他刚向她求婚。他说他打电话给他妈了，问亲戚借了点钱，准备在S城买套新房。S城的房价有多高，众所周知。她知道后，抱着他哭了。可这份感动并没有维持多久，他便倒下了。

他叫她走，去找个父母中意的男人嫁了。他叫她别再等他，他说他好不起来了。

她坐在他床边大哭，叫他别胡说八道。她说他会好的，就算不好，她也不会离开他。

当时信中她就写到这儿。后来，也是没超过三个月，她又来信，字里行间尽是哀伤。她说，他走了。走前，连话都说不动了，只是颤动着眼皮和嘴角，用虚弱无力的眼神望着她。

我不知该说些什么，因为在死亡面前，任何语言都是那么苍白无力。

女生说，她男友生前最爱听的一首歌是张卫健的《身体健康》，也是在患病的那段时间喜欢上的。他说如果可以，他愿意折寿十年来换取一世健康。这样就能跟她在一起了，这样就能好好照顾她了，这样就不用看着她为他担心流泪了。

004

最近，我的同事住院了。一个礼拜没来上班，每天都在市人民医院挂水、抽血、验血，直至今日也不知得了什么病。

她一定是累了，那阵子连续加班，又跑去外地出差。

我们都很担心她，也很想念她。希望她能早日出院。

前两天，我下班回到家时已经很晚。匆匆吃了几口饭后就回到房间里码字、录音，没想到等我忙完已经是凌晨一点多了。

我妈起来上厕所，看我房间里的灯还亮着，就催我快点睡觉。

我说："再过一会儿吧，我忙着呢。"

她叹了口气说："我不想你出名，只想你能健健康康的。你每天这么熬夜，万一哪天身体出了问题，我和你爸该怎么办……"

我说："妈，你尽瞎想，我好着哪。"

谁知没过几天，我嘴里就长了三个溃疡，左边下巴还冒出来一个淋巴，说话、吃饭的时候都超疼。我突然想起我妈说的话，眼泪不自觉地流了下来。

是啊，再怎么拼命，都要注意自己的身体啊。

我是爸妈唯一的孩子，倾注了他们一生的心血，爱自己，就是爱他们。

005

那天我在微信公号里发了条消息，说自己身体状况不是很好，很多朋友在后台给我留言，让我好好休息，不要日更了。

还有朋友跑去微博给我留言，说你一姑娘家的，不需要那么拼命，你已经很棒了。

身边朋友也老对我说："宿雨，别太拼了，周末跟我们出去玩玩吧。"

我这才意识到，我已经很久没有好好休息了。每天绷紧着一根弦，曾经精神紧张到失眠了半个多月，一晚睡就耳鸣，抵抗力下降，吹个风就会感冒。

之前有人看了我那篇《我这么努力是因为，我想过上我想要的生活》，不能理解为什么我连睡觉都觉得奢侈，觉得滑稽可笑，觉得是天方夜谭。可事实上，我真的觉得时间不够用。

我五点半下班，六点多到家，吃完饭七点，七点半开始写文、录音，最晚十点半前要推送图文。这期间，我只有三个小时的时间。有时候来不及，自然就会拖到很晚。

闺密总在电话里对我说："你快睡吧，不许熬到十二点以后了。你需要休息，听到没有？"

我老敷衍她说："知道了知道了，你跟我妈一模一样，摩羯座就是爱唠叨。"

但其实，这两天我愈发觉得，自己应该好好爱惜自己的身体了。

我知道，每一个爱着我的人都希望我身体健康，不希望看到我为了工作，为了兴趣爱好，把自己折腾成病号或熊猫眼。

试想，若有一天，我倒下了，那些在意我的人心里会有多难过？

我要好好努力，要好好奋斗，但我希望自己能够身体健康。

因为我不想看到他们为了我担心甚至流泪。

# 去变成更好的你

二十多岁的我们，其实多少都是迷茫的。因为未来未知，所以恐惧。

可是，未来不是靠恐惧就能过好的，不是吗？怕，你就会输一辈子。

现在我在听的歌，名叫《Loser》。相信你可能听过，Bigbang的。

我是个离不开音乐的人。每当我觉得累到不行的时候，我都会听这首歌。里面有句歌词是这样的：把手伸了出来，却没有任何人握住我的手。

我曾经有过无数次这样的时刻。我哭过无数次，绝望过无数次，甚至觉得前路黑暗到无路可走，但我依旧挺过来了不是吗？带着我和我的倔强，我一路披荆斩棘。虽然现在有时还会累到想哭，但我不会轻易放弃。

所以，我想说的是，你也一定可以。

这几年，身边很多朋友都陆陆续续地结了婚，而我因为还有梦想未实现所以迟迟没有走进婚姻的殿堂。我不是在怕什么，而是想要给自己更多一点的时间去适应，去调节，去变成一个更好的人。那个时候，我想我会更有底气去拥抱属于我的幸福。

其实，要想让自己变得更好，无非就是做到两个字：坚持。减肥要坚持，健身要坚持，谈恋爱要坚持，拼事业要坚持。这世上一切的一切，都需要坚持。坚持的过程是痛苦的，但收获的结局一定是甜美的。

我们都会慢慢变好，而且会越变越好。

迷茫的时候就闷着头向前走，过好每一天，做好每一件手头的事，每天一点小进步也是努力的一种方式。

天冷，就加衣；下雨，就撑伞。一个人的日子里，你要学会好好照顾自己。

希望这本书能够给迷茫的你一些指引，尤其是陷在感情困惑中的少男少女们。

我相信，时间终将会带给我们成长，也将教会我们坚强。我们终会在跌倒后收获一抹阳光。它将透过窗照进你的心房，熨干曾经泪湿的衣裳。